HUERTA PARA AUTOABASTECERSE EN ESPACIOS PEQUEÑOS

Título original: Selbstversorgung auf Kleinstem Raum

Para esta edición:
Coordinación: María Laura Martínez
Edición: Guadalupe Rodríguez
Traducción: Brenda Mezzini
Revisión: Gabriela Escrivá

HUERTA PARA AUTOABASTECERSE EN ESPACIOS PEQUEÑOS
1ª edición - 1ra. reimp .
Impreso en Rocamora 4161, CABA
Buenos Aires - República Argentina
Noviembre 2021

J. Salguero 2745 5° - 51 (1425)
Buenos Aires – Argentina
E-mail: info@albatros.com.ar
www.albatros.com.ar

ISBN 978-950-24-1556-7

LIBRO DE EDICIÓN ARGENTINA

Herr, Esther
Huerta autosuficiente : en pequeños espacios / Esther Herr. - 1a ed . 1a reimp. - Ciudad Autónoma de Buenos Aires : Albatros, 2021.
128 p. ; 21 x 21 cm.

Traducción de: Silvina Merlos.
ISBN 978-950-24-1556-7

1. Horticultura. 2. Huerta. 3. Jardinería. I. Merlos, Silvina, trad. II. Título.
CDD 635.091732

ESTHER HERR

HUERTA PARA AUTOABASTECERSE EN ESPACIOS PEQUEÑOS

Albatros
EDITORIAL

12

20

32

43

48

58

66

79

84

93

102

111

Contenido

¿Qué debo cultivar?

Sí, ¡esta es una pregunta clave! Por lo general, **no tenemos mucho lugar, el tiempo** es escaso y también hay que tener en cuenta qué especies nos gustan más. Aquí presentamos **un pequeño test**.

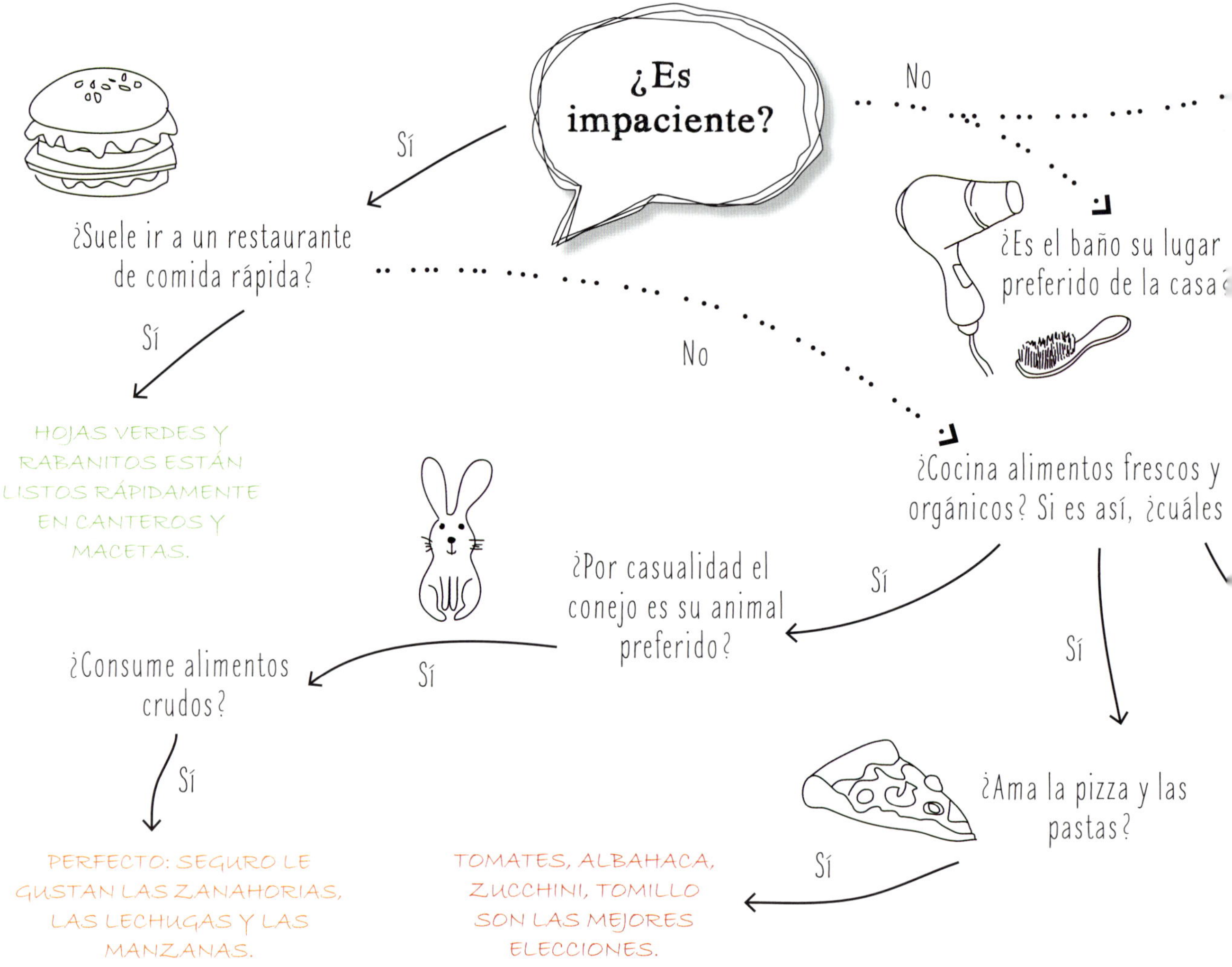

¿Está solo casi siempre durante las vacaciones?

No → FELICITACIONES: USTED PUEDE CULTIVAR DE TODO.

Sí → MEJOR ES CULTIVAR ALGO QUE ESTÉ LISTO EN EL OTOÑO/INVIERNO COMO REPOLLO, RADICHETA Y PUERRO.

Sí → NECESITA HIERBAS AROMÁTICAS COMO LAVANDA Y MELISA.

No → ¿Era bueno en la escuela?

Sí → ¿Tiene muchos amigos?

Sí → ¿Suele convidar café y tortas?

Sí → ENTONCES ADELANTE CON LOS FRUTOS DEL BOSQUE.

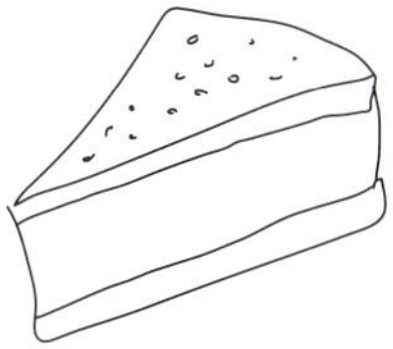

No → ¿Prefiere beber té?

Sí → MENTA, SALVIA Y FRUTAS COMO MANZANAS Y PERAS SON IDEALES.

No → LAS CEBOLLAS, EL AJO, EL REPOLLO Y LOS POROTOS SON TABÚ.

Sí → ¿Es ambicioso?

Sí → CULTIVE PLANTAS TREPADORAS, COMO ARVEJAS, POROTOS, PEPINOS, ETC.

No → ¿Es olvidadizo?

Sí → CULTIVE DE PRISA PLANTAS QUE DESPIERTEN SU CEREBRO.

No → DEBERÍA SÍ O SÍ CULTIVAR PAPAS.

Sí → ¿Le gustan los snacks como las papas fritas?

Sí → DEBERÍA SÍ O SÍ CULTIVAR PAPAS.

Sí → ¿Le gusta lo picante y especiado?

Sí → BUSQUE UN PAR DE ESPECIES QUE SUMEN COLOR AL CANTERO COMO AJÍ Y CEBOLLA.

EN UN ABRIR Y CERRAR DE OJOS

Más fácil no puede ser: sembrar, esperar un par de semanas, cortar ¡y ya tenemos lechuga! ¿De qué se trata? De todas las hojas que se pueden degustar crudas. En esa categoría hay verdaderas sorpresas, que revelaremos en la página siguiente.

A la lechuga y a otras hojas verdes se las cosecha según la demanda y en la cantidad necesaria, como las lechugas "hoja de roble" o Lollo Rosso, que se les sacan siempre las hojas externas, porque en el medio crecen las nuevas. Para una ensalada de lechuga, también se pueden cortar las hojas grandes o la sección completa de la serie, sin dañar el corazón. En lugar de conservar los restos en la heladera, siempre tendremos reabastecimiento fresco. Y un plus: las plantitas crujientes también son llamativas visualmente. En los comercios hay mezclas coloridas con hojas rojas, verdes, puntiagudas, redondeadas o dentadas.

En el caso de la lechuga capuchina o arrepollada la cosecha es completamente diferente: tan pronto como se cierra la cabeza redonda en forma de huevo, y está lo suficientemente grande, se recorta desde su base.

Durante todo el año se puede sembrar lechuga. En las fases de transición, en primavera y otoño, se cubren las plantas con un folio o tela antihelada, en zonas muy frías como en la Patagonia. Para que exista una pausa en la cosecha, es aconsejable sembrar las lechugas cada dos semanas.

Cabezas de lechuga de fieltro

Se necesita: agujas especiales para fieltro, fieltro verde y palillos de madera.

Cómo se hace: extender una tira de lana delgada de 2 centímetros. Pinchar con la aguja varias veces –empezando por el centro– y poco a poco afirmar el material. Luego dar vuelta las tiras de lana regularmente. Coser el canto superior y el canto inferior para envolver un palillo con la cabecita de lechuga. También se pueden hacer prendedores y aros.

HAY MUCHO PARA RECORRER EN EL BOSQUE

¡Cuánto color! Solo con hojas verdes se pueden llenar muchos cuencos o recipientes, sin que esto resulte aburrido. No se suelen usar únicamente plantas clásicas para esto, sino que se pueden recolectar también malezas comestibles, como diente de león y rúcula, o las más jóvenes y tiernas como espinaca, acelga o las diversas especies de repollo asiático.

Pruebe cultivar diferentes especies de repollo para incluir en la ensalada. Para eso, debe sembrarlo en forma más compacta. Esto es válido también para la remolacha, pero en este caso no utilice las raíces sino solo las hojas. En los negocios, hay mezclas de hojas ("mesclum") y bandejas de semillas.

El suelo es decisivo para el aroma: a todas las hojas verdes les agrada la tierra porosa, que a la vez acumula bien el agua. Solo con humedad regular las hojas permanecen suaves y tiernas, y no tienen gusto amargo. Se deberían evitar los lugares calurosos y soleados, porque las hojas finas se ablandan rápidamente.

Esto es muy fácil! Con una jera o un cuchillo se osechan únicamente las ojas que se necesiten para onsumir. Importante: no eben ser de más de 10 cm, de) contrario tienen gusto margo. Y por favor ¡nunca orte el centro de las plantas!

LOS VERDES FRESCOS SON IDEALES PARA HACER SÁNDWICHES O PARA UNA ENSALADA. PARA SUMAR UN TOQUE DE COLOR SE PUEDEN UTILIZAR LAS HOJAS COLORIDAS Y LAS FLORES COMESTIBLES, COMO ROSAS, CAPUCHINAS, VIOLETAS O LIRIOS.

Todas las lechugas se siembran directamente en potes o en bandejas, y es mejor hacerlo en filas. Si se ve todo apiñado, siempre se pueden podar algunos plantines y reubicarlos.

CON CABECITAS

Las lechugas tienen forma redonda y solo la pierden cuando florecen..

Lechuga romana

Tiene forma más bien ovalada. La variedad de hojas rojas Ovired no se siembra densamente: las hojas se cosechan jóvenes.

Lechuga clásica, verde y roja. Las más prácticas son las especies Salanova (a la derecha), que con un corte se las separa en hojas ideales para consumir.

Lechuga capuchina o arrepollada:

especialmente crujiente, como todas las otras lechugas Batavia. Forma cabezas redondas como bolas, densamente cerradas.

Achicoria: vale como una típica lechuga de invierno. No se la siembra antes del fin del verano. Para un sabor más suave, a las hojas rizadas se las puede blanquear atando suavemente la planta para evitar que llegue la luz solar.

Radicchio: se siembra en verano, para poder cosecharla en otoño. El sabor amargo es típico de esta lechuga.

Porotos mungo

Porotos azuki

HÁGALO USTED MISMO

DÉJELAS BROTAR Y GERMINAR

No solo en invierno surgen los brotes, que son ricos en vitaminas y fácilmente digeribles. Se emplean semillas sin tratar de vainas, cereales y verduras. Suele haber paquetes especiales de semillas.

UNO: se necesitan recipientes para semillas, uno para cada especie. Se pueden utilizar frascos de mermelada, bebidas o tarros. Además, se necesitan gasas y bandas elásticas.

DOS: lavar a fondo las semillas y colocarlas en el recipiente elegido. Verter agua (por una parte de semillas, tres a cuatro partes de agua). Colocar la gasa sobre la apertura y afirmar con la bandita..

TRES: colocar un pañuelo encima para darle oscuridad y dejar reposar de 8 a 12 horas.

CUATRO: sacar el agua, remojar a diario y después de un par de días ¡los brotes estarán listos!

BANDA DE CÉSPED DELANTE DE LA CASA... UNA IDEA INTELIGENTE QUE SE PUEDE LLEVAR A CABO CON BERRO. NO SE NECESITA TIERRA: SOLO ESPOLVOREAR LAS SEMILLAS SOBRE GUATA Y MANTENERLAS HÚMEDAS CON UN ROCIADOR.

¡HAY QUE HACER LUGAR! LAS HOJAS DE LECHUGA SON APROPIADAS PARA SIEMBRAS RÁPIDAS. PRESTE ATENCIÓN A LAS VARIEDADES: NO TODAS SON APTAS PARA CADA ESTACIÓN. LA INFORMACIÓN AL RESPECTO SIEMPRE VIENE EN LA BOLSITA DE LAS SEMILLAS.

¡A la caja! ¿O a la bolsa?

Todas las lechugas, en especial las que son "rápidas", tienen algo en común: ¡no necesitan demasiado espacio! Teóricamente, se puede utilizar todo lo que hay en la casa, por ejemplo:
Cajones de madera que se piden en la verdulería. Si el suelo no es muy arcilloso, los cajones se pueden llenar con tierra directamente. De lo contrario, se coloca una bolsa de plástico cortada con un par de agujeros para que se filtre el agua.
Las bolsas de tela se entregan con algunas compras y también son útiles. ¡No hay que olvidarse de agujerear el fondo!

Hay que hacerlo

FALSO

LOS CARACOLES...

...¿son peligrosos para la lechuga? No, no, mucho mejor: se comen los huevos de las babosas.

BABOSAS VORACES

¿Todas las babosas comen las plantas? ¡No! Pero la babosa frecuente en las huertas europeas es insaciable (foto).

BABOSAS LIMPIAS

En realidad, ayudan a la descomposición de las plantas muertas o las heces de los animales, y hacen aportes de este modo a mejorar el suelo o un camino limpio.

VERDADERO

LAS BABOSAS...

...aman la lechuga. ¡Y las frutillas, los zucchinis y mucho más!

FAKIR ANIMAL

Los caracoles se pueden lastimar con las cáscaras de huevo molidas.

CLAVAR LA VISTA EN LOS SENSORES

Es cierto, los caracoles no ven muy bien. Los sensores les ayudan a oler y saborear.

GANAS DE COMER TOMATE

¡Placer celestial! No por nada los tomates son conocidos como las manzanas del paraíso. Suena bastante exagerado para una verdura que se coloca encima de la pizza o que sirve como base para el kétchup. Pero el tomate es mucho más versátil: es riquísimo crudo, solo o combinado con otros ingredientes. Y se destaca entre las otras verduras y enseguida sabemos que está ahí. Esto es por su típico aroma y también por el rojo intenso que lo caracteriza. Puede ser amarillo o naranja y tener muchos matices de sabor. Esto se comprueba cuando uno mismo cultiva tomates y prueba las diferentes variedades.

Hay diferentes tipos. Están divididos según la forma del fruto. Los más pequeños, los tomates cherry y los tomates de cocktail, se pueden consumir directamente de la planta o usarlos para diferentes preparaciones. Por otra parte, están los exuberantes tomates carnosos, que en lugar de muchas semillas contienen más carne y por eso son ideales para ensaladas y también para rellenar. A los tomates Roma se los reconoce por su forma de huevo, y los tomates ciruela son un poco más largos y no tan jugosos.

¿Tipo arbusto o trepador? Una segunda subdivisión es según la forma de crecimiento. Los tomates trepadores se cultivan sujetando el tallo principal a un tutor, que se afirma a una vara de apoyo. Los tomates arbustivos crecen rastreros y ramificados.

¡Todo comienzo es sencillo! Los principiantes en el cultivo de tomates pueden ir al vivero durante el verano y buscar allí las diferentes plantas.

En casa se colocan en un gran pote. Quien opte por comprar los platines verá que alrededor de mediados del invierno salen los demás brotes de la tierra. Primero se colocan en la ventana, pues los tomates deben estar afuera recién a fines de la primavera. Si decide sembrar, tiene un poco más de gastos, pero una ventaja: las variedades viejas y las especiales no se consiguen como plantas jóvenes, aunque sí como semillas.

Se suele escuchar que solo las variedades clásicas tienen buen gusto, pero hay muchas especies modernas con un aroma muy especial. Además influye aquí la capacidad de resistencia contra el tizón que tienen las hojas (Vitella, Philovita).

TODAS LAS VARIEDADES SON RICAS EN SABOR Y TAMBIÉN NOBLES. PARA ASEGURARNOS CONTINUIDAD DE LA COSECHA SE TOMAN LAS SEMILLAS DE LOS FRUTOS Y SE LAS SIEMBRA AL AÑO SIGUIENTE, ASÍ SE OBTIENEN LOS MISMOS FRUTOS.

Mandarina
Frambuesa de Slesia
Tigerella
Alegría de junio
Auriga
Corazón de buey
Tomate perita naranja
Cereza negra

ASÍ SE CULTIVA UN TOMATE

PRIMERO SE NECESITAN LAS SEMILLAS. SE COLOCAN DURANTE EL VERANO EN MACETAS CON MEZCLA DE SUSTRATO PARA SIEMBRA.

ESTA DELICADA PLANTITA CRECE EN UNA MACETA O EN CUALQUIER RECIPIENTE.

YA ES TIEMPO DE UN RECIPIENTE MÁS GRAN
¡HAY QUE TRANSPLANTARLA!

LOS TOMATES PRECISAN TIERRA RICA EN POTASIO, COMO ESTE PREPARADO BIODINÁMICO O COMPOST.

¡MIRE LAS PRIMERAS FLORES! ¡SON AMARILLAS PARA QUE LAS ABEJAS LAS PUEDAN ENCONTRAR!

NO MUCHO DESPUÉS DE LAS FLORES VIENEN LOS FRUTOS, PRIMERO VERDES, LUEGO ROJOS O AMARILLOS O VIOLETAS...

¡La pizza es más rica con rúcula!

Pizza de tomate

<u>Se necesita</u> (para cuatro personas):
400 gramos de harina, 1 cucharadita de sal, ½ cubito de levadura fresca, 3 cucharadas de aceite de oliva, 2 bolas de queso mozzarella, un manojo de albahaca, 400 gramos de tomates cherry, sal, pimienta.

<u>Cómo se hace:</u> mezclar la harina en un bol con la sal, en el centro hacer un hueco, verter 200 ml de agua tibia y disolver la levadura. Agregar el aceite y amasar rápidamente hasta obtener una masa lisa. Dejar reposar tapado en un lugar caliente durante una hora.
Precalentar el horno a 220 ºC. Cortar la mozzarella en tiras y la albahaca en pedazos. Amasar nuevamente y partir la masa. Estirar ambas mitades finamente y colocar sobre una placa con papel manteca. Cubrir con mozzarella, tomates y albahaca, salpimentar, verter un poco de aceite de oliva y cocinar por 20 minutos.

Triatlón de tomates. Las semillas que vienen en sobres se pueden sembrar en tetrabriks y luego trasplantar definitivamente las plantitas a una maceta...

HÁGALO USTED MISMO

Bolsas para semillas

<u>Se necesita:</u> bajar plantillas de Internet, por ejemplo, o diseñar plantillas propias alternativas, con papel labrado o papel de regalo, papel blanco, tijera, cola, lápiz, regla.

<u>Cómo se hace:</u> transferir en el tamaño deseado sobre la parte de atrás del papel. Cortar y doblar los pliegues hacia adentro y prestar atención a la parte de atrás. Dejar libre el pliegue superior hasta que esté lleno de semillas. Etiquetar con el papel blanco.

DESDE LA BOLSA. LOS ENVASES DE LECHE O JUGO SON MUY APROPIADOS PARA LOS TOMATES PORQUE SON RESISTENTES AL AGUA. SE DEBE LAVAR EL TETRABRICK Y CORTAR CON UN CUCHILLO EL TERCIO SUPERIOR. COLOCAR LA TIERRA Y LAS SEMILLAS ADENTRO. EL SOBRE DE LAS SEMILLAS PUEDE SERVIR COMO ETIQUETA.

Verduras de balcón

¿No tiene un jardín? El tomate puede crecer perfectamente en un balcón, pero necesitará mucho sol. ¡Sin calor no tendrá aroma!
Como recipientes para las plantas son apropiadas las macetas para flores (15 cm) y las macetas más grandes (20 a 30 cm de diámetro). Tip: los recipientes deben ser móviles: si llueve, se los lleva bajo techo, para que no se arruinen las hojas.
Los tomates especiales de balcón crecen bastante tupidos; plantados en forma colgante precisan menos lugar que en el suelo. Los tomates trepadores permanecen erguidos, si el tallo está firmemente aferrado a un tutor.

Todo lo que pasa alrededor de un tomate...

SECAR TOMATES

Esto se hace en el horno. Precalentarlo a 65 ºC (calor de arriba y abajo). Colocar los tomates en mitades con la parte del corte hacia arriba sobre papel manteca. Salar levemente y condimentar (con tomillo, romero y ajo) y secar por 5 horas. Conservar en aceite de oliva.

SALSA DE TOMATES

Esta es una alternativa al kétchup: 350 gramos de tomates con 2 dientes de ajo, 200 gramos de cebolla, 2 chiles (todo cortado en daditos pequeños). Mezclar 200 ml de vinagre con 200 gramos de azúcar gelificante (2:1). Cocinar la mezcla de tomate por 15 minutos. Colocar en un recipiente con cierre hermético.

AQUÍ, LA ENSALADA

Los tomates son ricos crudos y cocidos.
Un clásico: ensalada de tomate y mozzarella con albahaca (Caprese). Con aderezo de aceite de oliva y aceto balsámico.

TOMATES VERDES

En Estados Unidos se comen muchísimo. Pero la verdad es que lo verde en el tomate es tóxico (solanina). El calor destruye la solanina.

COLECCIONAR SEMILLAS

No se justifica en todos los tomates. Las variedades modernas se denominan F1. Si se siembran estas semillas, nacen plantas con frutos completamente diferentes. Si se quiere probar, todas las semillas son aptas, se debe colocar las semillas en un tamiz y retirar la pulpa con agua. Dejar secar bien sobre una hoja de rollo de cocina y luego colocar en bolsas de papel.

A PURA IMAGEN

Quien colecciona variedades, le gustará esta idea: sacar fotos del fruto maduro para saber exactamente lo que surgió de la semilla. Y etiquetar.

TOMATES EN LOS OJOS...

Es un dicho en alemán, que se utiliza cuando algo se pasa por alto. También se habla de los “tomates traicioneros” para referirse a amigos o conocidos que no son confiables.

¿Tomates en maceta o en bolsa de tierra? ¿Por qué no ambos?

Aplanar la bolsa, cortar el centro y transplantar los tomates que estaban en la macera en el sustrato de la bolsa. Así las plantas tienen más tierra a su disposición. Importante: un lugar soleado, cálido, **protegido del viento**, suficientes nutrientes y agua.

Prestar atención al regar: las hojas no deben estar mojadas. En el caso de los tomates trepadores, se les quita el brote lateral (foto de la derecha), para que los frutos se vuelvan grandes; esto se denomina **desbrotar**.

¡Ahora a ponerse en marcha!

A mediados de la primavera se deben poner los tomates afuera, porque recién ahí está el tiempo lo suficientemente cálido de noche. Para trasplantar, se coloca en cada agujero de la planta un puñado de compost o se mezcla un abono especial para tomates (¡o se presta atención a la información de los fabricantes!). Esto se puede repetir durante todo el verano de dos a tres veces. La distancia entre las plantas debe ser de 40 a 60 cm, según si se toman variedades verticales o de arbusto.

¡Recuerde! No mojar las hojas de las tomateras para evitar el ataque de hongos.

Cultivar en medio de la ciudad

Esto lo pueden hacer todos: un par de **cajas y macetas** en el balcón, en el patio o **delante de la puerta** y a ponerse en marcha.

Jardinería urbana se denomina también al cultivo de frutas y verduras en la ciudad. Esto funciona si uno es ingenioso: hay que buscar los lugares y los recipientes ideales. ¡Cada parcela se puede utilizar! En superficies de cemento, conviene canteros altos en lugar de macetas. En el balcón se pueden atar cuerdas, para acomodar un par de canastas de hierbas. Además hay sistemas ya listos que se apilan y que se pueden extender según la necesidad o adjuntar a la pared o a la baranda.

¡Todo reverdece! Y porque deseamos que nuestra ciudad también esté bien verde, una buena idea es convertirse en un "guerrillero verde", llevando "bombas" de semillas en la mochila y arrojarlas en espacios libres, sin cultivar.

NINGÚN CARRITO DE COMPRAS
CULTIVAR DONDE SE COME
Agricultura urbana, juntos, orgánica

EL COLINABO NO TIENE POR QUÉ ATERRIZAR ÚNICAMENTE EN LA CACEROLA: ¿QUÉ TAL SI HACEMOS UNA ROSA TALLADA A MANO A PARTIR DEL CENTRO COMO DECORACIÓN PARA LA MESA? CON UN POCO DE PRÁCTICA...

¡CABEZA EN ALTO!

¡Repollo puntiagudo! Se lo utiliza de la misma manera que las otras variedades, en ensaladas, sopas, chucrut y miles de comidas sencillas. Pero se ha convertido en una verdadera verdura gourmet. Además: cuando no lo vamos a comer, ¡visualmente se ganó un lugar en el jardín! El repollo tiene tantas facetas que es difícil a primera vista reconocer el parentesco cercano: hay tubérculos y cabezas, rosetas y hojas enruladas... ¡pero mejor pase a la siguiente página!

¡Taaan sano! El repollo tiene muchos beneficios, por ejemplo, contiene aceites similares a los de la mostaza, que mantienen nuestro sistema inmune en un excelente estado. También una gran cantidad de vitamina C (sobre todo el brócoli y los repollitos de Bruselas). El repollo es rico en fibras, eso es bueno, pero a la vez produce hinchazón. En mayor o menor medida, el repollo puntiagudo, la coliflor y el brócoli son moderados en su sabor. Condimentar con comino mejora su digestión.

Los repollos y el brócoli se siembran a finales del verano y se desarrollan durante el otoño y el invierno. Las variedades "de verano" se siembran en primavera y se cosechan a lo largo de la estación cálida. Si hace frío, se los cubre con tela antihelada. Los otros miembros de la familia se pueden trasplantar recién a partir de la primavera (hasta fin del verano en lo posible). El colinabo necesita solo dos meses hasta la madurez de su cosecha, por eso se lo puede trasplantar desde principios de otoño, y antes de la helada está listo.

¡Qué rico!

¡Mmm... paquetitos de repollo!

Se necesita: 8 hojas grandes (externas) de repollo (blanco, berza, repollo akusay chino o colorado), 500 gramos de carne picada, 4 puerros, 1 diente de ajo, 3 cucharadas de pasta de tomate, sal, pimienta, 150 ml de caldo de ave.

Cómo se hace: blanquear las hojas por 2 minutos en agua hirviendo con sal. Sacar e inmediatamente poner sobre agua helada. Limpiar los puerros y cortar en finos aros. Pelar el ajo y picarlo finamente. Cocinar la carne picada, el puerro, el ajo y la pasta de tomate y freír levemente. Condimentar el relleno con sal y pimienta.
En cada hoja, colocar una cucharada del relleno, doblar la hoja primero desde los bordes y luego enrollar. Atar con un cordón o fijar con escarbadientes. Cocinar brevemente con la "costura" hacia abajo, agregar el caldo y luego terminar de cocinar (40 minutos).

Repollo blanco:

tiene hojas lisas y verdes, y forma cabezas compactas. No solo aparece en otoño, también en verano es su tiempo de cosecha. Variedades: Micro F1 (forma cabezas pequeñas, ideal para espacios reducidos), Dottenfelder Dauer (se puede almacenar hasta el invierno).

Repollo "corazón de buey:"

en el fondo es un repollo blanco, bien reconocible por su cabeza en forma de cono o de un corazón invertido. Su época de cosecha es de primavera a verano. El repollo puntiagudo produce menos hinchazón que sus parientes. Variedades: Cape Horn (madurez temprana), Kalibos (foto, novedad de hojas rojas, lista para la cosecha desde el invierno).

Kale, repollo que no forma cabeza:

crece mejor en un macizo de flores. De ese modo no les quita lugar a las verduras más tempranas, porque se cosecha primero, entonces tiene mejor gusto. Sus hermosas hojas son un verdadero ornamento. Variedades: Redbor (violeta rojizo), Nero di Toscana (verde azulado).

EN RETRATO

¡Mira quién crece!

Berza o repollo rizado: sí, el de las hojas arrugadas. ¡Y también hay en primavera! Tiene gusto dulce, pero desde el otoño se vuelve más bien picante. En el jardín crece sin problemas. Variedades: cabeza de hierro (para cultivo temprano), Wirosa F1 (para cultivo tardío).

Repollo colorado o Lombarda: dos nombres para la misma verdura, que sobre todo se cultiva en otoño e invierno. Es típico su aroma levemente dulce. Variedad: Íntegro F1 (nueva, precisa poco espacio, y está listo para cosechar en invierno).

Repollitos de Bruselas: se ven como una palmera con tallos con las cabecitas de repollo y el penacho "encima". ¡Recién están maduros a fin del otoño! Variedades: Igor F1 (muy fértil), Red Ball (rojos), Petit Posy (lila).

Coliflor: sus hojas también se pueden consumir pero lo más sabroso son sus inflorescencias, que crecen con una cabecita violeta, amarilla o verde. Variedades: Minaret (foto: Romanesco verde con inflorescencias en forma de pirámide), Adelanto (variedad mini).

Brócoli: se puede aprovechar de muchas maneras. Está claro que las inflorescencias figuran en primer lugar, pero también el tronco es bastante rico. A algunas variedades se las puede cosechar reiteradas veces. Luego de cosechar la cabeza principal, se podrán obtener pequeños ramilletes de los laterales del tallo. Variedades: Maratón F1 (fecunda), Santee F1 (violeta, suave).

Colinabo: también conocido por su nombre en inglés y alemán "kolhrabi". Se consume la base de los tallos, muy engrosada y redondeada. No es muy frecuente en la Argentina.

Un collar

¿Qué hay por ahí? ¿Descubrimos un "gusanito" verde, venenoso o peludo en la plantita de repollo? Sí, hemos notado un par de orugas glotonas que encontraron algo sabroso. Los gusanitos del repollo grandes y pequeños mordisquean especialmente las hojas o agujerean las cabezas.

La solución: después de plantar, colocar una malla fina sobre la planta y dejarla allí hasta la cosecha. El llamado "collar del repollo" impide que la mosca deposite allí sus huevos. ¡Simplemente hay que colocarle una a cada plantín!

PAK CHOI EN LUGAR DE PALMERAS. AL PRINCIPIO ES UNA PLANTA DE MACETA. EN UN LINDO RECIPIENTE CRECE UNA SEMILLA, QUE SE PUEDE UBICAR EN EL BALCÓN O LA VENTANA; Y EN UNAS SIETE SEMANAS, LA PLANTA ESTÁ PERFECTA PARA LA COSECHA. SE PUEDE CONSUMIR. EL QUE NO QUIERE, SOLO DEDÍQUESE A OBSERVARLA, A VER QUÉ PASA CON ELLA...

¿Cómo se llega al repollo?

UNO: la siembra. En cada macetita se colocan dos o tres semillas. Más tarde, se deja solo el plantín más fuerte y luego se trasplanta todo en el cantero.
DOS: si uno se quiere ahorrar todo eso, no tiene demasiado lugar en la ventana o solo necesita unas pocas plantas, en el vivero se compran los plantines ya listos.
TRES: casi todas las variedades de repollo –una excepción es el colinabo– son bastante voraces; es decir, que necesitan muchos nutrientes. Ya en la siembra se incorpora humus de lombriz o compost en la mezcla de sustratos. Antes de que las cabezas se enrollen; es decir, tan pronto como se forman, hay que reabastecerlas con abono orgánico para verduras.
CUATRO: para repollos, repollitos de Bruselas y brócoli hay que dejar una distancia de 40 cm. El colinabo necesita menos espacio. Tres semanas después, es necesario "aporcar"; es decir, acercar tierra y compost a la base de la planta. De este modo, se forman raíces aún más finas. Importante: ¡nunca plantar el repollo dos años seguidos en el mismo cantero!

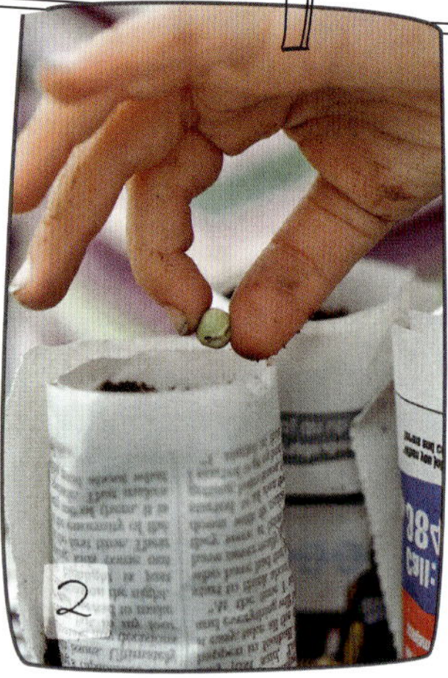

¡ASÍ FUNCIONA!

Sembrar es el comienzo de todo. La mayoría de las verduras y muchas hierbas son **anuales**. Eso significa que la **diversión en el jardín** se da año a año.

Adentro: sirve para que cuando en invierno las plantas deban colocarse afuera ya tengan un tubérculo. De lo contrario, por ejemplo los tomates y el pimentón formarían sus primeros frutos muy tarde. Por su parte, las calabazas y los zucchinis se colocan en la tierra en primavera.

Para la siembra se necesita tierra con nutrientes y recipientes. Las semillas grandes como las de calabaza o zucchini se siembran en macetas separadas. Las semillas pequeñas se pueden poner en cuencos. Cuando los plantines ya formaron el segundo par de hojas, hay que separarlos (trasplantar). ¿Cómo? Se los toma con cuidado sin dañarlos y se los coloca separados en pequeñas macetas. Otras herramientas importantes son el tamiz de tierra, las etiquetas ¡y claro las semillas!

Afuera: a las zanahorias, las chauchas, los porotos o los rabanitos se los siembra directamente en el cantero. Lo mismo vale para la lechuga, la espinaca, la acelga y el repollo. Esto es porque a estas especies no les agrada ser trasplantadas; es decir, se desarrollan tan rápido que no es necesario un transplante previo. La tierra en el cantero debe ser porosa. Luego se hace con la azada o con los dedos un surco, en el cual se colocan las semillas. Se cubre levemente con tierra y se riega con cuidado. A los brotes como las zanahorias, el apio o la lechuga no hay que cubrirlos. Si germinaron muchas semillas y están muy cerca, será necesario practicar un raleo (sacar plantines para que los que queden tengan espacio suficiente para desarrollarse saludablemente).

1. Primero, llenar el recipiente con dos tercios de tierra y nivelar con la mano. Tip práctico: si coloca la tierra en un balde y pone allí las pequeñas macetas, al verter la tierra no queda nada o casi nada afuera.
2. Cada variedad se siembra separada entre sí, en bandejas plásticas en filas. Las semillas, con distancia entre cada una. En macetas, se pueden poner de tres a cinco semillas, y luego se pueden quitar las más débiles.
3. Espolvorear la tierra con un tamiz fino sobre las semillas o desmenuzarla entre los dedos.
4. Las etiquetas son imprescindibles para saber qué hay dentro de la maceta.
5. Mediante el riego (¡solo con una regadera fina!) las semillas entran en contacto con la tierra y reciben la humedad necesaria para germinar.
6. A las bandejas plásticas se las puede cubrir con un folio, pues con más temperatura y humedad, las semillas germinan más rápido. Más tarde, se trasplantan los plantines.
7. Las macetas se pueden colocar en un invernadero. Una alternativa excelente son los gabinetes de plástico semitransparentes. En los días calurosos, es bueno colocar las plantas afuera para rusticarlas.
8. Si se siembra directamente en cantero, se hace un surco derecho con un hilo. Se colocan las semillas y se cubren con tierra, se las riega ¡y listo!

Papas frescas. ¿Cómo?
Se trazan surcos, se colocan los tubérculos separados por la longitud de un pie y se cubren con tierra.

Tubérculos

¿Qué sucede aquí? ¡Las papas! Los tubérculos amarillo-amarronados, redondos y hasta ovalados, que se sacan de la tierra tienen formas diferentes, como puede verse en la pequeña selección de variedades de abajo. Las diferencias no son solo externas sino también varían el gusto y la consistencia.

Papas fritas, puré... ¿le dio hambre? Pero esto no es todo lo que se puede hacer con las papas. Si bien no se pueden comer crudas, se las puede cocinar de múltiples maneras: asadas o cocidas como cualquier otra verdura. La verdad es que cualquiera puede cultivar papas. ¡Pruebe!

¿Farináceo o consistente? ¡Esa es la cuestión! Pues así se denomina a la consistencia de los tubérculos. Las variedades farináceas se emplean por ejemplo para el puré, las sopas, las albóndigas y las croquetas; y las consistentes, para gratinados, ensaladas, papas cocidas sin pelar y asadas. Además existe la subdivisión en papas tempranas y tardías. ¡Se elige la época de cultivo y más tarde, también la cosecha!

Papas creativas

Las papas están listas para la cosecha desde mediados del verano y las últimas en otoño. Si las hojas están amarillo-amarronadas y se caen, eso indica que no hay más que esperar. A las variedades tempranas se las cosecha aún con el follaje verde. Se las perfora unos tres meses antes de que aparezcan las plantas y se comprueba si la cáscara ya está sólida.

Muchas vitaminas y minerales están encerrados en esta verdura que tiene almidón. Pero se deben cocer los tubérculos hasta que estén blandos (o cocinarlos) para consumir. Es importante retirar los sectores verdes que aparecen por el costado con la luz ya que son tóxicos, pues ¡contienen la tóxica y amarga solanina!

HÁGALO USTED MISMO

Sello de papa

Se necesita: papa, cortapastas, cuchillo, pincel, colorantes (para tela), papel de cocina.

Cómo se hace: con el estampado del sello se embellecen creativamente remeras, muebles o papel. Cortar las papas a la mitad. Presionar con el cortapastas y quitar el resto con el cuchillo. Secar con el papel de cocina y luego con el pincel colocar un poco de color. En el caso de la ropa, poner un cartón debajo y dejar secar.

Para las papas sin pelar, rehogar un poco las variedades firmes en agua. En el caso de las papas frescas y tempranas, se puede consumir la cáscara. ¡Los chips de papa horneados son mucho más sanos que los comprados!

PARA ALMACENAR SON APROPIADAS SOBRE TODO LAS VARIEDADES MEDIAS Y TARDÍAS. HAY QUE GUARDARLAS EN CAJAS AIREADAS O CANASTAS Y CONSERVARLAS EN LA OSCURIDAD, A 5-7 °C.

ué sale a la luz del día? partir de un tubérculo se roducen muchas papas. Y s plantas también orecen: en blanco o en la, como la variedad que muestra aquí (Kerkauer pfler).

UNO + UNO EN EL CULTIVO DE LAS PAPAS

PRIMERO DEJAR GERMINAR TRES SEMANAS LAS YEMAS EN CAJAS DE MADERA O CARTÓN.

BUSCAR UN RECIPIENTE ALTO. UNA BOLSA RESISTENTE AL AGUA (POR EJEMPLO DE DISEÑO) ES MUY RECOMENDABLE.

LLENAR CON TIERRA RICA EN NUTRIENTES (20 CM). COLOCAR LAS PAPAS ADENTRO Y CUBRIR CON TIERRA.

FINALMENTE ALEGRARSE POR LAS PAPAS CONSEGUIDAS.

¿Cómo funciona la cosa con el autocultivo? Se necesitan semillas o trozos de papas con buenas yemas, que poseen una alta capacidad de germinación, y son por así decirlo, la "simiente" de la cual surgen muchas papas nuevas.

¿Cuándo se puede comenzar? Las variedades tempranas desde principios de otoño en la tierra, las tardías desde el comienzo hasta mediados del otoño. Quien quiera acortar un poco el tiempo de cultivo debe hacer brotar las yemas un poco antes, para eso se deben colocar los tubérculos tres semanas antes de que surjan los brotes en cajas planas o cartones (mejor capa por capa), en un lugar fresco y claro, a 15 ºC. Pronto aparecerán brotes firmes y verdes (¡bien!) y no los finitos y blancos, que se ven cuando los trozos de papas con yemas se colocan en lugares cálidos y sin luz.

En el cantero se colocan las papas a una distancia aproximada de un pie. La distancia entre las filas debería ser de 40 cm. Las papas son poco exigentes en lo que atañe al suelo. Cuanto más poroso, más abundante la cosecha. Cuando los brotes tienen 15-20 cm de largo, se los remueve con la azada de tal forma que solo aparezcan las puntas. Esta toma de tierra actúa de manera positiva en el desarrollo de los tubérculos e impide que se pongan verdes mediante la acción de la luz. Esto se debe repetir aproximadamente tres veces. La cosecha se hace esperar en el caso de las variedades tempranas unos tres o cuatro meses.

Más fácil aún es el cultivo en baldes altos, viejos toneles o grandes bolsas de yute o plástico. Primero hay que llenar 20 cm de tierra. En un recipiente (de 50 cm de diámetro), colocar tres trozos de papas con yemas en triángulo. Las bolsas se pueden enrollar y desenrollar fácilmente desde el borde y resultan más sencillas para ir incorporando más tierra.

¿ES ESTO TAMBIÉN UNA PAPA? ¡NO, UNA PAPA DULCE! TIENE GUSTO DIFERENTE, APENAS ESTÁ MADURA Y DEBIDO A SUS BELLAS HOJAS SE USA COMO PLANTA ORNAMENTAL.

¡Sintiéndose bien!

¿Le cuesta sentirse bien? ¿Está cansado y sin fuerzas, desganado y desconcentrado? Estos son motivos suficientes para buscar un nuevo pasatiempo, por ejemplo: ¡una huerta! Remover la tierra, cuidar sus plantas y cosechar algo rico... Sí, exactamente así surge la posibilidad de estar de buen humor. Con las hierbas adecuadas, verduras y diferentes frutas, el rincón más pequeño se puede convertir en un templo de bienestar personal. La jardinería pone la circulación en marcha y ahorra también horas de gimnasio. Entonces, manos a la obra con el trabajo en el jardín, perdón, ¡con el disfrute en el jardín!

¡Todo rojo! Es sabido que las plantas son verdes. Pero hay ciertos colorantes, las antocianinas, que se ocupan de que las hojas, tallos o frutos adquieran un tono rojo, azul o también violeta. Las antocianinas funcionan como exterminadores de radicales libres y protegen nuestras células. Las frutas y verduras de color rojo oscuro, azul y violeta poseen en grandes cantidades. Ningún problema: entre las frutas encontramos los arándanos, las moras y las grosellas negras; en el cantero de las verduras, crecen la remolacha y el repollo colorado. También las cerezas oscuras son muy sanas, por suerte también hay árboles enanos y de forma columnar, que son apropiados para huertos pequeños o cultivo en macetas.

¡Una nuez demasiado dura! Primero se debe partir para llegar a su valioso interior, pero luego vale la pena: tiene ácidos grasos sanos y una cantidad importante de vitaminas. De la nuez hay variedades injertadas que son de porte pequeño. En el lugar adecuado, los almendros son un verdadero ornamento con muchas flores y frutos. Los tipos exóticos se mantienen como plantas de contenedor: las nueces pecan y las macadamia pueden permanecer en el verano afuera, mientras que las castañas de cajú necesitan calor todo el año.

"UNA MANZANA POR DÍA..." CON UN CORAZÓN ES MÁS RICA AÚN. COLOCAR EN UNA MANZANA TODAVÍA VERDE, UNA CALCOMANÍA CON FORMA DE CORAZÓN. ¡FUNCIONA SOLO EN LAS VARIEDADES QUE SE VUELVEN ROJAS!

POR SIEMPRE JOVEN

Estas plantas no tan habituales son verdaderas fuentes de juventud: actúan revitalizando y fortaleciendo el sistema inmunológico.

Punarnava (la hierba del rejuvenecimiento) soporta solo unos pocos grados bajo cero. Las hojas son adecuadas para té o como condimento para sopas.

Noni Con los frutos de forma similar a una piña (no pueden estar a menos temperatura que 15 ºC) se elaboran jugos, y de las hojas se prepara un té.

Gotu Kotula Esta planta colgante crece a la sombra. Dos hojas por día (crudas o como té) actúan como tranquilizante.

Jiaogulan ("la hierba de la inmortalidad") soporta algunos grados bajo cero. De sus hojas (frescas) se elabora té.

Bayas de goji son duras de sacar. Soportan hasta -25 ºC. La enredadera crece varios metros para arriba. Los frutos son apropiados para jugo o para una ensalada fresca de frutas.

Bayas de manzana (Aronia) son arbustos resistentes al invierno con una bella coloración otoñal. Los frutos ricos en vitaminas se consumen mayormente cocidos.

JUGO DE BAYAS DE ARONIA

Se necesita: 750 g de bayas de Aronia / 200 g de azúcar cande / 200 g de azúcar / 2 botellas

Cómo se hace: lavar las bayas, sacar los cabos y cocinar con 250 ml de agua en una cacerola. Dejar todo tapado por aproximadamente 10 minutos. Luego pasar por un tamiz cubierto por un pañuelo. Cocinar nuevamente el jugo con los dos tipos de azúcar. Una vez que se disuelvan, verter jugo aún caliente en las botellas (de 350 ml cada una). Cerrar bien y dejar enfriar. En un lugar fresco y oscuro se conserva por un año.

¡Queda riquísimo rebajado con agua o en postres!

FALSO

ESPINACA...

...¿contiene mucho hierro? No. La equivocación está en un error de cálculo de los expertos.

SECTORES MARRONES...

...de la fruta se pueden consumir, pero mejor no, adentro ya se encuentran los hongos del moho. Hay que separarlos de la fruta firme.

LO ÁCIDO ES DIVERTIDO...

...pero tampoco tanto: esta frase quiere decir que "lo ácido da ganas de más".

VERDADERO

BUEN PANORAMA...

... gracias a las zanahorias. Es cierto. Las raíces contienen mucha vitamina A, que es muy importante para la retina de nuestros ojos.

CORAZONES DE MANZANA TÓXICOS

Eso es cierto en parte, pues contienen algo de cianuro, pero no pasa nada si usted o sus hijos se tragan un par.

DEJARLAS JUNTO CON OTRAS FRUTAS

Esto hace que las demás frutas maduren más rápido, ya que el gas etileno que las manzanas liberan acelera el proceso.

Facilísimo para la memoria de elefante

¿Listo para un juego de **memoria**? Estas plantas ¡ayudan a su **materia gris**!

¿Piensas todavía o ya plantas? Nuestra cabeza solo funciona cuando el cuerpo está bien nutrido. Ciertos vegetales ayudan especialmente a nuestro cerebro. Junto a las frutas rojo oscuro y azul (que contienen flavonoides) y las nueces también están el apio y la zanahoria. El arma secreta de la raíz se llama luteolina, un colorante vegetal amarillo. Pero, al igual que la vitamina A, se disuelve mal en el agua. Por eso se preparan zanahorias siempre con algo de grasas. De manera similar, la salvia también es efectiva: las hojas como condimento o un té de salvia hacen que recordemos mejor las cosas. ¡Pero por favor no consumirla todos los días en grandes cantidades, pues el efecto de las plantas curativas puede actuar en forma contraproducente! Otra hierba benéfica es la perilla o shiso. Aún más decorativas que las variedades verdes son las de follaje rojo (selección roja) o las que tienen la parte de abajo de la hoja roja (Britton).

¡Fíjate! Y luego están las tres armas maravillosas de nuestra memoria: del saúco negro (*Sambucus nigra*) se pueden recoger las bayas oscuras y hacer un jugo. Para el jardín, están las variantes de follaje colorido que permanecen pequeñas como Black Beauty (hojas rojas) o Áurea (amarillo). Brahmi (*Bacopa monnieri*) es ideal para una cesta colgante; y también se puede hacer con ella un té. Los frutos secos de la schisandra (*Schisandra chilensis*) se pueden agregar al muesli.

HÁGALO USTED MISMO

Tela-Memoria

<u>Se necesita</u>: tela para la parte de adelante y de atrás, tijera, hilos, aguja o máquina de coser, aguja de tejer y palillos de madera.

<u>Cómo se hace</u>: cortar cuadrados de ambas telas (6 x 6 cm) y colocar un lado de arriba y otro de abajo uno al lado del otro hacia la derecha. Dar puntadas cerca del borde hasta un lado, que debe quedar abierto (2 cm). Cortar las cuatro esquinas. Girar el cuadrado de tela; y presionar las esquinas con la aguja de tejer o el palillo de madera hacia fuera. Nuevamente pespuntear alrededor.

¿Totalmente estresado? ¡No con nosotros!

<u>Los nervios</u> se calman gracias al efecto de estas plantas. Sobre todo la manzanilla. Crece solo en suelos estériles, por eso se la encuentra salvaje, por ejemplo, en las superficies de los escombros.

<u>También la valeriana</u> y el lúpulo son hierbas sedantes. Quien no las quiera beber como té, puede agregarlas al baño de inmersión. En el jardín, se puede emplear el lúpulo trepador de un año como ornamental. ¡Y como decoración en otoño!

<u>¿Tenso?</u> Para eso ayudan la melisa y la lavanda. Y si uno está realmente deprimido, también sirve la hierba de San Juan.

¡La bañadera está llena! Recostarse relajado en la bañadera con hierbas tranquilizantes es una muy buena idea, porque las plantas actúan aún mejor en el agua caliente. Y no es complicado colocar directamente en el agua caliente flores frescas o secas. Los aceites esenciales llegan enseguida hasta la nariz, y sus propiedades actúan sobre la piel. Otra variante, apropiada para regalar, es el baño de sales, que ayuda a no tener arrugas y verse más joven. Hacerlo uno mismo es fácil: mezclar sal del Mar Muerto con flores secas perfumadas de lavanda o rosa, u hojas.

Los problemas son el ruido y el humo. Los aceites esenciales también se pueden disfrutar en las lámparas. Incluso en una propia: cocer las partes de las plantas secas en un aceite inoloro, llenar en botellitas oscuras (es suficiente ya que la mezcla no dura mucho tiempo) y dejar reposar una semana.

Enjabonar correctamente. Facilísima también es la fabricación de un jabón perfumado: rallar el jabón neutro con un rallador y mezclarlo con plantas frescas o secas. Dar un hervor al té listo de hierbas o flores, dejar enfriar y añadir la cantidad necesaria, como para poder volver a dar forma según su preferencia.

Un baño en verde... ¡con las hierbas adecuadas en el agua se logra una tranquilidad envidiable!

¡ASÍ FUNCIONA!

Se deben **plantar** tanto las plantas cultivadas por nosotros mismos como las compradas. ¿Pero es mejor en un **cantero** o en una **maceta**?

¡Todo afuera! En la primavera, todo queda perfecto en la huerta. ¡Es época de plantar! Los canteros se elaboran con la azada y un compost preparado, para que el suelo esté suelto y poroso. Para las plantas jóvenes, se hace un agujero en el cantero con una pala de mano. Por lo general las hierbas y las verduras se plantan hasta el punto que estén cubiertas sus raíces. Hay sin embargo algunas excepciones: el repollo común, el puerro, los tomates y los pepinos se deberían enterrar más profundamente. Los árboles frutales se orientan en la unión del injerto (una zona más ancha abajo del tronco); debe quedar el ancho de una mano sobre la tierra. Siempre vale colocar una planta, llenar el hueco con tierra, presionar levemente y regar bien.

Interrumpir el tránsito. Si las plantas deben crecer en la maceta, los recipientes juegan un rol decisivo. En principio, se puede utilizar todo lo que se encuentre si tiene agujeros de salida en el fondo. Nada es peor para las plantas de maceta que tener las raíces continuamente mojadas. Además, sirve colocar antes de la tierra una capa de grava o arcilla expandida en el fondo de la maceta. Como tierra se emplean sustratos especiales para hierbas o verduras, o se mezclan con tierra del jardín. Es muy importante también el tamaño y la profundidad de la maceta. En los maceteros de balcón se adaptan bien los rabanitos, los Pak Choy y las lechugas, mientras que los tomates, los brócoli y los zucchinis necesitan más volumen de tierra. La tierra no se pone hasta el borde superior, porque rebalsa el agua al regar.

1. Un viejo (o nuevo) compartimento de metal también sirve si se le pueden hacer un par de agujeros con una agujereadora.
2. En el fondo, colocar una capa gruesa de arcilla expandida o leca. Luego se lo llena con tierra. La capa de arcilla expandida o leca hace más resistente a la maceta y se necesita menos tierra en los recipientes muy profundos.
3. Tanto compradas como cultivadas por uno mismo, las plantas jóvenes deberían tener un sistema radicular bien desarrollado.
4. La tierra fresca en la maceta seguramente estará suelta, por lo tanto no se necesitará una palita. Simplemente, cavar un pequeño agujero con la mano, presionar levemente, regar y listo.
5. Las macetas de papel y mezcla de celulosa, que se utilizan para el desarrollo de las plantas, se pudren después en el suelo, por eso se plantan conjuntamente.
6. Plantarlas a menos distancia de lo usual en el cantero fomentará un desarrollo más arrepollado. Hacer diseños divertidos, no únicamente lineales, es totalmente apto (espirales, curvas, etc.). Excavar los huecos de las plantas con la pala, colocar las plantas dentro, presionar con tierra y regar.
7. También funciona plantar directamente en el saco de tierra, especialmente con la lechuga, los tomates y las frutillas.
8. En el cantero alto se pueden cultivar las verduras más temprano y por más tiempo, el relleno cálido a partir de materiales en descomposición es propicio.

Bombas de vitaminas

FRUTOS DEL BOSQUE Y COMPAÑÍA

¡Recoléctame! Nada es mejor que sacarlos de la planta, pero primero se deben plantar estos sabrosos frutos. Esto no debería ser un problema, pues todos los frutos del bosque oficiales y los no oficiales (las frutillas son en realidad frutos de recolección) se adecuan tanto en las pequeñas huertas como en el balcón.

Una planificación inteligente No sirve de nada si todos los frutos del bosque están maduros al mismo tiempo y en las otras semanas reina el follaje vacío. Es decir: hay que seleccionar las variedades de tal forma que se las pueda recolectar una tras otra. Por ejemplo las grosellas: si tiene lugar para dos ejemplares, tome la Telake roja (cosecha a partir del invierno) y la Titania negra (mediados del invierno). A los tallos de los frutos del bosque les agrada el suelo soleado y poroso, pero muchos crecen también a la mediasombra como las grosellas, los arándanos, las frutillas, las zarzamoras y las frambuesas.

Smoothie de frutos del bosque

Se necesita: un puñado de frutos (frutillas, grosellas o zarzamoras) / 100 gramos de yogur de vainilla o frutal / 150 ml de jugo de frutas (por ejemplo jugo multivitamínico).

Cómo se hace: los frutos el bosque deben estar maduros y sin partes machucadas. Primero se limpian y se lavan, luego se colocan en la licuadora. Agregar el yogur y el jugo de frutas, y hacer un puré. Para que esté más dulce, se puede agregar algo de miel. Pruebe en lugar de yogur con leche u otros ingredientes como hierbas, semillas de lino o hierba de cebada.

ARBOLITO EN LUGAR DE ARBUSTO: LAS MORAS Y LAS GROSELLAS TAMBIÉN EXISTEN COMO ÁRBOLES ESTÁNDAR, QUE SON EXCELENTES PARA POCO LUGAR, PORQUE SE PUEDE APROVECHAR LA SUPERFICIE DE ABAJO (POR EJEMPLO EN EL CASO DE LAS FRESAS SALVAJES). HAY "MACETAS EN TRIO", EN LAS QUE CRECEN TRES VARIEDADES EN UN SOLO RECIPIENTE.

¡DAME ALGO ÁCIDO!

GROSELLAS

Hay con o sin espinas (¡las ramas, no los frutos!). Cosecha: desde el invierno hasta principio de la primavera. Variedades: reverta (verde) y redeva (roja).

KIWIS, los grandes no siempre están maduros, por eso son mejores los minikiwis, que se pueden consumir con cáscara. Cosecha: otoño. Variedad: issai.

JOSTA es en realidad una variedad de la cruza entre la grosella y la grosella negra. Cosecha: verano.

CORINTOS

¡Los rojos son ácidos! Y los blancos son más suaves. Cosecha: fin del invierno hasta principios de la primavera. Variedades: blanka (blanco), rovada (rojo), titania (negro).

PHYSALIS

También se las conoce como *uchuvas*. No son ácidas, sí muy especiales y aman el calor. Cosecha: desde la primavera.

¡DULCE TENTACIÓN!

ZARZAMORAS

Trepadoras y con retoños de metros de largo, con o sin espinas. Cosecha: desde el invierno hasta la primavera. Variedad: arapaho (frutos grandes).

FRAMBUESAS

Hay rojas, amarillas e incluso negras, maduras en verano y en otoño. Variedades: golden bliss (amarillas), autumn bliss (rojas).

ARÁNDANOS

Variedades de cultivo (por ejemplo, duke o bluecrop) maduran entre el invierno y la primavera. ¡no se deben plantar en suelo calcáreo!

HIGOS ¡también pueden madurar entre nosotros! Por lo general, no en el mismo año en el que surgen, sino en el siguiente. En el invierno se deben mantener con calor. Variedad: violetta.

FRUTILLAS

¡Las pequeñas frutillas salvajes son las más dulces! Cosecha: invierno (la lambarda, de una vez), de primavera: la ostara.

Confitura

<u>Se necesita:</u>
1 kilo de bayas frescas (frutillas, frambuesas o zarzamoras) y azúcar gelificante.

<u>Cómo se hace:</u> los frutos se limpian y se lavan, y luego se los hace puré en una cacerola. Si se quieren pedazos más pequeños en la mermelada, solo hay que cortar una parte en trozos pequeños. Mezclar el azúcar gelificante, según el producto en la misma cantidad (1:1) o la mitad (2:1). Dejar reposar todo por un par de horas, calentar y dejar cocinar 4 minutos hasta que esté burbujeante. Verter inmediatamente en un frasco hermético. Si quiere experimentar, se puede agregar condimentos como ají o canela.

A los frutos del bosque se los debe...

<u>Las frutillas</u> son las primeras que se mencionan cuando se trata de lo que uno quisiera cultivar por sí mismo. Para las frutillas "normales" (frutos grandes, de una vez) se deben planear canteros enteros. Después de tres años, las plantas se empobrecen y se deberían renovar, en otro lugar. Si tenemos poco espacio, se pueden plantar frutillas que soportan varias cosechas (de pequeños frutos). Las frutillas salvajes, dado que no necesitan sol, se pueden aprovechar de manera excelente como plantas rastreras.

<u>Las frambuesas</u> están también entre las preferidas. Aún cuando suelen crecer de manera salvaje, se pueden dominar bien con una espaldera. Es posible aprovechar un cercado de frambuesas (como separación o protección de la vista), para ahorrar lugar. Las variedades de otoño son más fáciles: se pueden cosechar hasta la primera helada, los daños y las enfermedades no son un tema y la poda es facilísima: simplemente hay que quitar todos los retoños en primavera.

¡Así funciona!

A las especies de comienzos del verano (las frambuesas) se las corta directamente después de la cosecha cerca del suelo.

Flores blancas, frutos rojos. También hay frutillas con flores rojas y frutos blancos (White Dream). Los jardineros de maceta tienen que elegir entre las variedades colgantes y las trepadoras. Si hay poco espacio, los ejemplares de varias cosechas son una ventaja.

ULTIPLICAR LAS FRUTILLAS
ASI POR SÍ SOLAS, ELLAS
RMAN VÁSTAGOS (ESTOLONES)
LOS CUALES AL FINAL SE
RMAN NUEVAS PLANTITAS.
MPLEMENTE HAY QUE
PARARLAS, PLANTARLAS
LISTO!

CHOCOLATE Y FRUTILLAS

Para los muffins: mezclar 260 g de harina, 100 g de cacao en polvo, 100 g de azúcar, 1 cucharada de polvo de hornear, 1 cucharadita de sal, 150 ml de leche, 2 huevos, 12 cucharadas de manteca y 50 ml de aceite. Cocinar en horno (circulante) a 180º por 20 minutos.

Fresco del árbol

¡Algo vigoroso! Dejemos los frutos del bosque a un lado y centrémonos en "verdaderos frutos" como la manzana, la pera, las cerezas y compañía. Hasta hace un par de años, su cultivo para las huertas de la ciudad solo era posible en una espaldera; es decir, de manera angosta contra la pared. Se ve bellísimo, pero da más trabajo, porque se deben cortar las ramas en forma regular y exacta. No se vaya a pensar que los otros árboles frutales son fáciles. No hay chance, ¡sin poda hay pocos frutos o algunos pero pequeños!

¡Muy fresco! Hoy casi todas las variedades se pueden plantar en pequeño formato; es decir, como árboles enanos o en columna o con una base que crece débil (raíz). No hay nada en contra, también en la ciudad es posible convertirse en un campesino de frutas. Esto tiene una ventaja: acurrucados en una pared cálida las variedades sensibles, incluso como el damasco y la nectarina, quedan bien. Y en esta pared cálida se puede colocar cualquier maceta, y también variedades enanas y columnares. Un dato: ¡muchas variedades frutales (como la manzana y la pera) necesitan un segundo árbol cerca para fructificar!

Recién cuando dos variedades de manzanas se enamoran se producen muchos frutos.

TAMBIÉN LOS ÁRBOLES COLUMNARES Y LOS ENANOS NECESITAN UNA PODA. EN EL CASO DE LOS DE COLUMNA, SE RECORTAN EN INVIERNO LARGOS RETOÑOS LATERALES DE CERCA DE 15 CM. EN EL CASO DE LOS ENANOS, SE LES SACAN EN EL INVIERNO TARDÍO LAS RAMAS CRUZADAS QUE CRECEN AL LADO.

HÁGALO USTED MISMO

Frutas de crochet

<u>Se necesita</u>: una aguja de crochet (2-3), hilo de bordar rojo y verde, lana de zurcir o guata, agujas e hilos.

<u>Cómo se hace</u>

Cerezas: con el hilo de bordar rojo tejer 3 mallas de aire, y cerrar en círculo con una malla de cadena.

1. Tejer 8 mallas firmes alrededor de la malla de aire.

2. En cada segunda malla firme, tejer 3 mallas firmes de la primera vuelta.

3. Tejer 1 malla firme en cada malla firme de la primera vuelta.

4. En cada segunda malla firme de la primera vuelta tejer 2 mallas firmes.

5. De los puntos 5 a 9 tejer como en el punto 3.

Rellenar con lana de zurcir o guata la mitad de las bolitas y reducir:

10 y 11. Tejer 1 malla firme en cada segunda malla firme de la primera vuelta. Cortar el hilo y cerrar la malla que queda.

Hojas: con el hilo verde tejer 12 mallas de aire. Para la primera mitad de las hojas, tejer 2 mallas firmes en la primera malla de aire, 2 varillas a la mitad, 6 varillas, 2 varillas a la mitad en las siguientes 10 mallas de aire, finalizar con 2 mallas firmes en la última malla de aire. Girar el trabajo alrededor del eje y trabajar la segunda mitad de las hojas, para que en el segundo miembro de la malla se inserten las mallas de aire. Seguir con aproximadamente 15 mallas de aire (tallo). Coser el tallo a la cereza y afirmar el hilo.

¡Cultivar juntos!

Cosecha propia, ¡sí, por supuesto! Pero trabajar solos, ¡no gracias! **Amamos el intercambio** con el vecino y la variación.

El terruño propio suena muy bien. Pero sobre todo se disfruta remover la tierra, sembrar, plantar y cosechar. Pero si no tenemos huerta propia, nuestras lechugas y tomates pueden crecer en una parcela que se alquila desde la primavera hasta el otoño. El principio se denomina "huerta en alquiler" y existe en muchas ciudades de Europa. Si nuestro lugar es en el campo, se prepara el suelo y solo nos debemos ocupar de él para luego cosechar en algún momento. Una variante de esto son los proyectos conjuntos en medio de la ciudad, donde quien ayuda, también puede cosechar.

¿Cómo funciona? Aún cuando cada uno tiene su lugar, hay muchas otras personas con los cuales se pueden intercambiar ideas. Si no sabemos acerca de algo, les preguntamos a los colegas de la parcela vecina o a nuestros locatarios. También hay utensilios de jardinería y suministro de agua que se pueden compartir. Una parcela no es tan idílico como un huerto familiar, ¡pero para eso tendríamos que haber esperado años!

Hasta las narices

Inspire una vez profundamente, ahora debe mantener la hierba correcta frente a su nariz ¡y listo! Por ejemplo, la lavanda, que actúa en forma relajante; la albahaca, que fortalece los nervios; o la melisa, el "ohm" en la configuración de las plantas. Pero las hierbas pueden hacer aún más: sin el cebollín, el perejil y compañía nuestra comida es bastante sosa. ¿Las papas al horno sin romero o la saltimbocca sin salvia? ¡No funcionan realmente! Entonces: cacerolas afuera y plantar adentro todo lo que sea necesario.

Super ¡ya están listas! Cuando en el supermercado compra un par de bandejitas de hierbas, por lo general las plantas fueron cultivadas por expertos con los cuidados necesarios, pero al llegar a casa decaen. Las aromáticas de la huerta son robustas, se deben replantar en un recipiente grande con tierra fresca, mejor con un sustrato especial para hierbas. Así despliegan todo su potencial. Recién ahí florecen hermosamente como las inflorescencias de la lavanda o la colorida capuchina.

¡A la maceta y siempre adentro!

¡La elección completa! Para las hierbas son apropiados casi todos los recipientes, por ejemplo los crisoles de arcilla, las macetas colgantes o las cestas de mimbre. Importante: todas deben tener un orificio para el exceso de agua. Es mejor si se agrega antes de la tierra una capa de arcilla expandida, ¡para que las raíces de las hierbas no permanezcan mojadas!

Las hierbas aportan alegría Esto se debe a que muchas, por ejemplo la salvia, el romero y el orégano, provienen del Mar Mediterráneo y les agrada el clima cálido y soleado. Pero no hay que temer: toleran bien los lugares sombríos. Los más resistentes son el perejil, la ciboulette y la melisa.

BUENO, ¿Y A QUIÉN TENEMOS AQUÍ?

ALBAHACA: no solo es muy sabrosa con los tomates, ¡hay muchas variedades y aromas! Salvo la African Blue, son todas anuales.

PERIFOLLO: tiene un poco gusto a anís y el perejil juntos. ¡Hermosas flores!

ESTRAGÓN: el francés es mejor que el ruso. ¡Ambos son resistentes al invierno!

ORÉGANO: el condimento para pizza, tiene una floración muy llamativa. ¡Pruebe también con la variedad amarillo-azulada Thumbles!

CILANTRO: ¡es un ***must*** en la cocina asiática! Se utilizan las hojas, las flores o las semillas, que se denominan “coriandro”.

TOMILLO: tanto en las superficies planas como en las rocallas. Son arbustos compactos, muy aromáticos. Existen variantes con aromas muy característicos como los que tienen notas de limón o comino, entre otros.

PEREJIL: ¿liso o crespo? Se reconoce por las hojas, pero también por el sabor; el liso es más sabroso.

ROMERO: son arbustos vistosos con hojas, que recuerdan a las agujas. ¡En las regiones frías es mejor mantenerlos como planta de maceta!

LAUREL: se mantiene en macetas muchos años, si en invierno está a salvo de la helada. Las hojas se arrancan según la necesidad.

MENTA: existen muchas variedades. Su característica es el mentol. Algunas tienen notas picantes como la pimienta y otras, notas frutales.

ENELDO: es recomendable cultivarlo directamente en la tierra ya que forma una raíz principal y se pone muy alto. Se utilizan las hojas, las flores y las semillas.

SALVIA: este pequeño arbusto queda muy bien en el cantero, ¡sobre todo con flores! Sus hojas tienen múltiples aplicaciones, desde culinarias hasta medicinales.

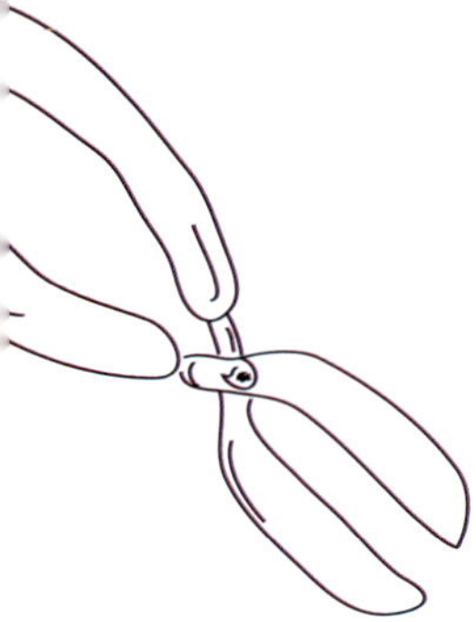

¡Quiero más!

Cuando se acaban... algunas hierbas se pueden **multiplicar** fácilmente **por trozos de la planta madre**. En el caso de los tipos leñosos hay que tomar la tijera o el cuchillo e **¡ir por los esquejes!** A propósito de la tijera: también se necesita para la poda.

Así funciona

Cortar una punta de brote de un dedo de largo (aquí de romero). Es importante que sea un corte limpio. Quitar las hojas de abajo, sumergir el esqueje en hormona para enraizamiento y colocar en una maceta con un sustrato suelto. Una campana de plástico por encima estimula la formación de la raíz.

DIVIDIR LAS MATAS: CORTAR LOS GRUPOS DE RAÍCES SIMPLEMENTE EN PEDAZOS O SEPARARLOS Y VOLVER A PLANTARLOS. ESTO FUNCIONA PARA EL CEBOLLÍN, LA MENTA Y EL TOMILLO (FOTO).

El cuidado se logra por sí mismo. Primero hay que saber algo básico: hay hierbas anuales y otras perennes. A las primeras pertenece por ejemplo la albahaca; es decir, se siembra y cosecha, se siembra y cosecha, etc. Las hierbas de más años, se diferencian entre ellas porque hay algunas con tallos herbáceos como el cebollín o la melisa, que se podan en primavera, cuando aparecen las hojas nuevas.

¡Buena madera! Otras, por el contrario, forman retoños lignificados, por ejemplo el romero, la lavanda o la salvia. Estos arbustos deben podarse regularmente, de lo contrario no florecen correctamente y las ramas inferiores quedan sin hojas y las plantas toman un aspecto muy desprolijo. La lavanda es un buen ejemplo de ello: para que permanezca en forma, se podan inmediatamente después de la floración. En la primavera, se hace una poda ligera de limpieza.

ATAR RAMILLETES

Las aromáticas no son solo para consumir, ¡algunas de ellas son muy vistosas! Un ramito fresco de flores y hojas es, por así decirlo, la alternativa rápida de la bolsita de hierbas perfumada.

CÓCTEL DE HIERBAS

Al agua se le suma un poco de verde para calmar la sed: la melisa o la menta le dan un toque de aroma. ¡y para cócteles las hierbas son indispensables!

SAL DE HIERBAS

Cómo se hace: secar las hierbas (con el sol o en el horno), despalillarlas con las manos y mezclarlas con sal. También queda riquísimo el azúcar por ejemplo con flores de lavanda. Importante: secar siempre las plantas, de lo contrario se pegotean.

BOLSITAS DE HIERBAS

¡Un poco de perfume fresco en el placard o en el auto hace muy bien! Para eso, primero hay que coser una bolsita de tela, por ejemplo de algodón o lino. Llenarla con hierbas secas. Una cinta sirve como cierre y para colgar también.

COSECHAR ADECUADAMENTE

Para que se pueda disfrutar del aroma completo, se deberían arrancar o cortar las hojas o flores en un día soleado, cerca del mediodía. En el caso de algunas variedades como la albahaca o la menta, se daña el sabor durante la época de la floración, se vuelven más amargas. ¡De todos modos, si uno quiere, se las puede consumir!

PONER A SECAR

Para conservar las plantas aromáticas: cortar ramitas de la planta elegida, atar los tallos en un ramillete y poner boca abajo en un lugar a la sombra, aireado y cálido.

MANTECA DE HIERBAS

¡Una delicia! Así funciona: dejar la manteca fuera de la heladera hasta que se ablande. Cortar las hierbas finamente, ponerlas en la manteca, agregar sal y pimienta, mezclar todo y llevar a la heladera.

Hecho en casa

¡Todo lo que se puede hacer con las hierbas!

¡ASÍ FUNCIONA!

Regar y abonar.

Las plantas tienen sed, eso está claro. Pero además de **agua** necesitan suficientes nutrientes, es decir **¡un fertilizante bueno y adecuado!**

¡La marcha del agua! "Dejar correr el agua" vale en el caso de la siembra o el trasplante. Más tarde, hay que regar, para que crezcan saludables. La clave es "cómo": a las semillas y a los brotes tiernos se los riega con una regadera fina; a un árbol frutal fresco y recién colocado se lo riega con abundante agua para terminar adecuadamente el trasplante y eliminar el aire cercano a las raíces. Normalmente se usa una regadera con una boquilla o flor en la punta. El chorro de agua se dirige directamente a la base de las plantas, ¡nunca se riega sobre las hojas! Y no en las horas calurosas del mediodía, porque de ese modo se evapora rápido. Si el agua de la canilla tiene alto contenido de cal, déjela reposar en la regadera hasta la próxima vez que deba regar. Entonces la cal se habrá depositado abajo y el agua estará más templada.

Nutrición fundamental. Además de líquido las verduras y las hierbas necesitan nutrientes y vitaminas; es decir, abono. En lugar de abono mineral (químico) en la huerta se utilizan preparados orgánicos. Para esto se necesita compost maduro y coberturas orgánicas. Cualquiera puede fabricar compost en casa: se necesitan residuos orgánicos, como restos de verduras crudas, café o cáscaras de huevo y restos de plantas. Se puede armar una pila en el jardín o en una compostera (en el balcón); los microorganismos los transformaran en abono muy completo. Igualmente efectivos son los purines o tés fríos caseros de hierbas. Por ejemplo, fortalece a las plantas un extracto de agua fría de hierbas como un purín de consuelda, ortiga o cola de caballo, que actúa como abono y protector.

1. Es necesario regar tanto las plantas del cantero como las que crecen en las macetas. Es una tarea sencilla y placentera. Para una distribución más uniforme, podemos usar la flor de la ducha. En las macetas (principalmente en verano), regar hasta que el agua salga por los agujeros inferiores.

2. Para las plantas más fuertes se puede usar un chorro más fuerte.

3. Si cultivamos directamente en la tierra podemos regar también en una zanja diseñada para que el agua se dirija a las raíces.

4. ¿Regar con botellas? No, otra posibilidad para no dañar las hojas es insertar una botella de plástico boca abajo (sin tapa y cortada) en el suelo y verter el agua que se irá liberando a medida que las plantas lo requieran.

5. Al plantar se agrega abono o compost, porque tarda un poco hasta que hace efecto.

6. El abono líquido, también orgánico, está disponible más rápido para las plantas. Se lo vierte dosificado correctamente (ver envase) en el agua de riego.

7. El compost surge cuando se ponen capas de restos de cocina y otros residuos orgánicos. Los microorganismos transforman la basura en abono.

8. Para preparar un purín se dejan 500 g de plantas en 5 litros de agua fría (de lluvia) por 1-3 días. Filtrar, diluir 1:10 por semana y emplear como abono líquido (sin dañar las hojas). Almacenar en un lugar fresco y oscuro.

¡Plantas que quieren ir hacia arriba!

Trepador

¿Y cómo es el aire ahí arriba? Pregúntele a sus habas, pepinos, zucchinis, melones, calabazas o arvejas; se alegran si los colocan en el techo. Es cierto que el sol brilla allí arriba un poco más. Y exceptuando a las arvejas, estas verduras aman el calor. La competencia tampoco es tan grande como en el suelo. Sobre todo para una huerta de balcón y otras huertas pequeñas, las especies trepadoras son una buena elección. En lugar de necesitar mucho lugar, se vuelven delgadas y otorgan una formidable protección para la vista.

Como en el Lejano Oeste. También pueden ser útiles para otros elementos decorativos. Por ejemplo, los tutores formando un "tipi": se toman varias varillas de bambú de 2 m de largo y se las clava a una distancia regular en el suelo, de manera que se forme un octógono. En el borde superior, se deben unir todas las varillas y se las ata con una soga o una cinta fuerte. Con lazos o ramas blandas se hacen los travesaños. Al comenzar el otoño, se siembran tres semillas de habas por varilla a 2 cm de profundidad. Las plantas se desarrollan sobre las varillas (es necesario sujetarlas a ellas). Se logra un hermoso efecto y se cosecha directamente del "tipi". Es importante recordar que las habas deben cocinarse para su consumo.

Bien equipadas están las verduras trepadoras con la ayuda adecuada. Para las habas, son apropiadas las ramas flexibles de unos 2 m de largo o las cuerdas gruesas y tirantes. Para las calabazas y los melones, las cuerdas son muy débiles y se pueden utilizar esterillas u otros enrejados metálicos. Hay que ubicarlas de manera oblicua en lugar de perpendicular, y de este modo las plantas, es decir, los frutos, reciben aún más sol. Las verjas de mallas pequeñas sostienen a los frutos pesados, porque las calabazas, los melones o también los zucchinis pueden empujar con su peso a los tallos hacia abajo o incluso quebrarlos. Si no tenemos reja, unas pequeñas "hamacas" pueden servir de ayuda: se forman con un pedazo de red de protección y se envuelven los frutos con ella, de esta forma se reparte el peso de estos frutos grandes. Las arvejas no pueden mantenerse derechas por sí mismas, hay que ayudarlas con tutores o soportes perpendiculares al suelo. Es una planta muy ornamental y tiene sus propios zarcillos para aferrarse. En cuanto a todos los armazones, es mejor instalarlos antes de la siembra, para que las trepadoras puedan crecer ordenadas. Si se los coloca demasiado tarde, se pueden dañar los brotes jóvenes y tiernos. ¡Cuanto más pesados son los frutos, más estable debería ser la estructura!

ES NECESARIO SUJETARLOS. LAS ARVEJAS Y LAS HABAS SE MANTIENEN BIEN CON LA AYUDA DE UN TUTOR. SOBRE TODO LOS "DE PESO PESADO" COMO LOS ZUCCHINIS, LAS CALABAZAS Y LOS MELONES NECESITAN ALGO DE APOYO PARA EL ENTRELAZADO. PARA ESTO SON APROPIADOS LOS ALAMBRES, LAS CUERDAS DE YUTE, LA RAFIA O LOS CLIPS ESPECIALES PARA PLANTAS.

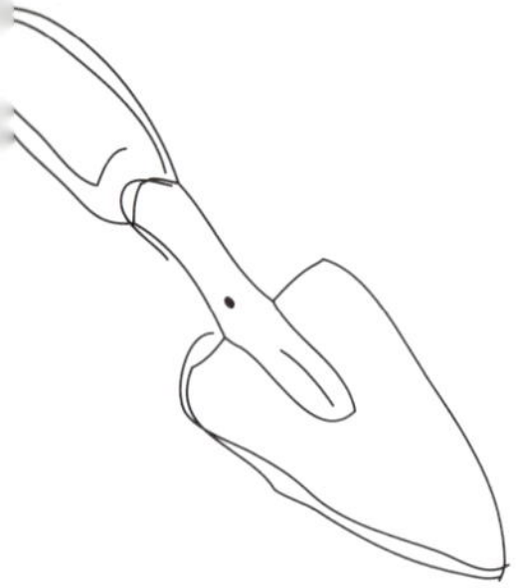

Los pepinos son ricos en la ensalada o como snack, sobre todo **los pequeños para mordisquear** (por ejemplo Ministars y Picolino). Las variedades modernas están libres del amargor característico de la especie.

A los pepinos les gusta el calor, por eso mejor si están hasta fines de la primavera en un invernadero en la Patagonia o en zonas muy frías. Pero también crecen al aire libre, pero no tan rápido. Al regarlos, no se deben mojar las hojas, por eso se coloca una maceta en el suelo y ahí se riega. Tip: hay que cosecharlos cuando están duros y verdes. Si los dejamos en la planta, se inhibe la producción de nuevos frutos.

EL CORAZÓN DE PEPINO SE CLAVA EN EL CÍRCULO DE RABANITO: ESTO HACE POSIBLE QUE EL DISEÑO DE LOS FRUTOS SE VEA MUY DECORATIVO. COLOCAR EL MODELO EN EL PEPINO TODAVÍA PEQUEÑO, CERRAR Y ESPERAR...

Enrejado de perchas

HÁGALO USTED MISMO

Se necesita: *perchas (cada cuatro perchas se obtiene un cuadrado), bridas para cables (ocho por cuadrado).*

Cómo se hace: *colocar cuatro perchas para un cuadrado, aquí se muestran los lados rectos hacia fuera. Para obtener un lindo patrón en el medio, preste atención a que los ganchos señalen todos hacia la misma dirección. Unir las varillas a las cuatro esquinas con cuatro bridas para cables y el primer elemento cuadrado estará listo.*

Si se unen más cuadrados con bridas para cables en los puntos de las esquinas, se pueden fabricar grandes enrejados. Para la estabilidad se pueden montar en un marco de madera con la ayuda de bridas para cables y ganchos pequeños.

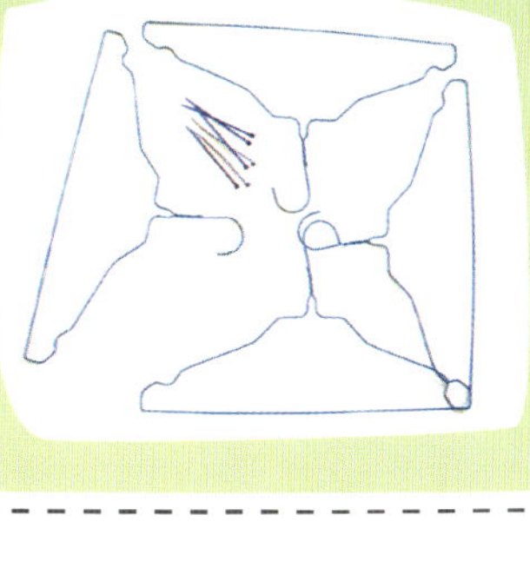

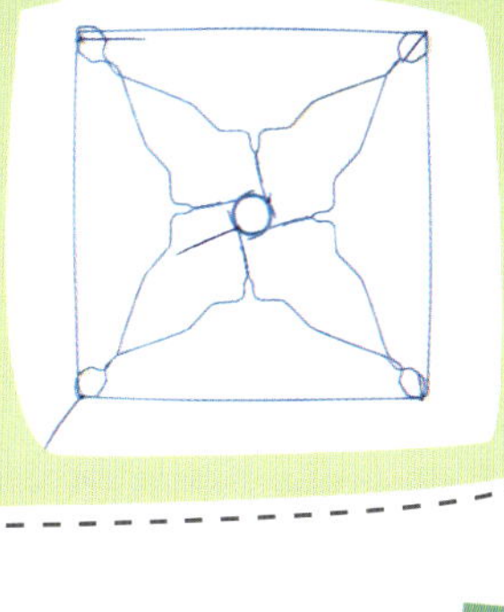

¡Mira quién trepa!

Las arvejas esbeltas y largas (de hasta 2 m) se forman de todos los tipos. Hay arvejas de pulpa, que por lo general se emplean frescas. Arvejas de pelar o Ronda, que más bien se las seca, y las de azúcar, que se consumen completamente con la vaina.

Los zucchinis

crecen casi por sí mismos, ¡si fluyen regularmente el agua y los nutrientes! Se deben cosechar los frutos desde pequeños y de ese modo, no son tan pesados y tienen mejor gusto. Variedades: Black forest (brotes largos), Floridor (amarillos, redondos).

Los pepinos asiáticos forman zarcillos largos de más de 5 m, que se pueden aprovechar bien como proveedores de sombra. Los frutos a veces espinosos son más ricos cuando alcanzan el tamaño de una nuez. ¡También las hojas se pueden consumir!

Melones no solo en el supermercado. ¡Desde ahora no! El éxito asegurado lo tienen los melones azucarados. Se deben colocar en el calor y protegidos del viento. Variedades: Orange Beauty (frutos pequeños, Caribbean Gold (rendimiento superior).

Calabazas hay de muchos colores y formas. Al igual que los zucchinis, sus parientes, se deben sembrar recién a mediados de la primavera al aire libre. Las calabazas necesitan muchos nutrientes y un lugar soleado. Es necesario sostener los frutos grandes y pesados con una red.

Las chauchas necesitan calor y se deben colocar recién a mediados de la primavera en el cantero. Las habas son menos sensibles. Se cosechan desde el invierno; a las vainas, que son lo suficientemente grandes, se las recoge cada dos días. También a las semillas se las puede dejar madurar y cocinar en guisos y otros platos típicos de la cocina mediterránea.

Agitador

¡Para llorar! Hay una cantidad de especies picantes en la huerta, que pueden llegar a sacarnos lágrimas; por ejemplo, las cebollas, los rabanitos y los rábanos picantes. Y también están los ajíes. Algunas variedades son suaves, como el pimiento dulce, que tiene las mismas necesidades de cuidado que el picante. Otras arden ya al tocarlas (¡quien se lleva el jugo a la cara está perdido!). Los ajíes contienen vitaminas A, B y C, así como capsaicina, estimuladora de la digestión, que es la culpable del ardor que sentimos.

Primero verde, luego rojo y a veces también naranja, violeta, blanco o incluso negro. Los ajíes cambian siempre su color a medida que maduran. También es cierto que los frutos verdes (hablando de manera estrictamente botánica son bayas) siempre están sin madurar. A pesar de eso, se los puede consumir, pero las semillas no se pueden sembrar porque están inmaduras.

¡A algunos les gusta picante! Los ajíes prefieren un lugar soleado y caluroso. La mayoría de las variedades se pueden cultivar muy bien en el balcón o incluso en una maceta en la ventana. Si están en maceta, se pueden mover para ubicarlas en los lugares más soleados. Si las plantas crecen de manera demasiado exuberante, hay que cortarlas: siempre cada brote por encima de un nudo de la hoja. Las plantas de ají pueden pasar el invierno sin problemas si se las protege del frío en un lugar cálido y soleado

De la semilla al fruto

Así funciona

Si el espacio en un contenedor o una maceta queda chico, se deberá sacar las plántulas o las plantitas jóvenes con cuidado y sin dañarlas, y colocarlas en macetas individuales.

A quien madruga, Dios lo ayuda.

Solo quien siembra lo suficientemente temprano, puede cosechar algo al final. Eso implica que los ajíes son bastante tardíos. Recién luego de dos a cuatro meses de plantarlos, depende también de la variedad, están maduros. Por eso conviene empezar a mediados de la primavera hasta principios del otoño y sembrar las semillas adentro, en el calor (y calor significa aquí un calor realmente bueno de cocina o lavadero). Un par de semanas después se los puede trasplantar. A la maceta adecuada o al cantero recién deberían colocarse a finales de la primavera. Hasta entonces hay que ocuparse de que las plantitas se hayan vuelto grandes y fuertes, y hayan formado unas raíces vigorosas.

Ajíes en la cuerda

Se necesita (foto de la derecha):
Ajíes tipo chili, cuerda
Material para sujeción (por ejemplo clavijas o ganchos)
Broches

Cómo se hace: *en un lugar seco y cálido, pero no soleado, tensar una cuerda y afirmar. Colgar las vainas de ají con los broches, con el cabo hacia arriba.*

Se necesita (foto de la izquierda):

Ajíes tipo chili, cuerda, aguja e hilo

Cómo se hace: *sujetar de tres a cinco ajíes con una cuerda, de manera que se forme una larga guirnalda, que se puede colgar.*

Luego de aproximadamente seis semanas los ajíes estarán secos.

LA FLOR DEL REY SE DENOMINA A LA PRIMERA FLOR QUE APARECE EN LAS PLANTAS, MUY ARRIBA, DONDE SE BIFURCAN LOS BROTES. ANTES HABÍA QUE ROMPERLA PARA QUE HUBIERA MÁS PARA COSECHAR. HOY EN DÍA SE SABE QUE NO HAY NINGUNA DIFERENCIA.

¡PICANTE, MÁS PICANTE, INFERNAL!

Un ají no es igual a otro ají, de esto uno se da cuenta después, cuando lo muerde... ¡por eso mejor tener preparada siempre una rodaja de pan!

También se puede aromatizar el aceite con el ají.

Chicken Curry

<u>Se necesita:</u> 1 cucharada de aceite de sésamo/ 2 dientes de ajo/ 1 cucharada de pasta verde de curry/ 1 lata de leche de coco/ 2 varillas de lemongrass/ ají (cantidad según el grado de picor)/ arvejas (cantidad a gusto)/ albahaca Thai.

<u>Cómo se hace:</u> calentar el aceite de sésamo en una sartén grande, picar el ajo finamente y freír. Agregar la pasta de curry, luego la leche de coco y dejar cocinar todo. Agregar la salsa de pescado y el pollo cortado en trozos pequeños. Rayar las varillas de lemongrass y agregar a la salsa. Luego de 3 minutos, añadir el ají y luego de 5 minutos, las arvejas. Cocinar todo por aproximadamente 3 minutos. Espolvorear con albahaca Thai y servir con arroz.

JUNTO AL AJÍ SE UTILIZA PARA LAS RECETAS ASIÁTICAS OTRA VERDURA PICANTE: ¡EL WASABI! PARA CULTIVARLO EN LA MACETA DE NUESTRA HUERTA DEBERÍA PROBAR CON EL NABO ASIÁTICO. LA RAÍZ TARDA UN PAR DE AÑOS EN ESTAR LISTA, HASTA ENTONCES SE PUEDEN CONDIMENTAR LAS SALSAS CON LAS HOJAS.

¡ASÍ FUNCIONA!

Todas las plantas necesitan cuidados, unas más que otras. Quitar las malezas y la poda son algunos ejemplos de estas tareas.

Las plantas están en el suelo, ¿y ahora?

Las plantas cultivadas no crecen bien por sí mismas. Un poco de cuidado necesitan. La mayor parte del tiempo no se trata de los cultivos en sí, sino de la competencia alrededor. La cuestión son las malezas, que no pertenecen al cantero o la maceta y les quitan a los vegetales la luz, el aire, el agua y los nutrientes necesarios. En el cantero de las verduras rápidamente aparece "lo verde" no deseado, porque el suelo está sin coberturas. Se debe tener cuidado al remover el suelo ya que si lo hacemos en profundidad, podemos favorecer la germinación de semillas de malezas que estaban en capas más profundas.

¡Qué desorden! ¡Pero es beneficioso! Algunas plantas inhiben a otras su crecimiento y otras en cambio repelen plagas que atacan a sus vecinas. Una "pareja" exitosa es por ejemplo cebolla y zanahoria; dos que no se agradan mucho son la lechuga y el apio. En el caso del cultivo mixto, se planta siempre un tipo de planta por fila, de ese modo se produce variedad a la vista. En el caso de los árboles frutales, para mayor rendimiento hay que hacerles una poda regular. En el caso de las manzanas, frambuesas y compañía se promueve de este modo el nuevo crecimiento de ramas, que portan frutos, y se mantiene a los árboles y a los arbustos en buena forma y vitales.

1. Quitar las malezas: si el suelo ya está poroso y funciona regularmente, se hace con la mano. Para las plantas con raíces duras como el diente de león o la gramilla se puede utilizar una azada.

2. Protección del frío: en las regiones muy frías, es recomendable armar túneles o colocar tela antihelada. Los folios de plástico no deberían colocarse directamente sobre las hojas.

3. A los árboles frutales se los poda regularmente. En el caso de las frambuesas, se retiran las ramas más cercanas al suelo.

4. Los frutales de espaldera como la pera y la manzana se cortan cada año en primavera y en verano.

5. Mezclar si es posible: las verduras y las flores combinan bien juntas; por ejemplo, los tomates y las caléndulas. Estas últimas rechazan las plagas del tomate.

6. El cultivo mixto también representa en el cantero la mitad del alquiler: coloque las variedades una junto a la otra en una fila, que se benefician en el crecimiento. Un clásico es la mezcla de frutillas con cebollas.

7. Enlazar: los brotes largos, por ejemplo de los tomates de vara o las frambuesas, se afirman con una cuerda al tutor.

8. Descompacte el suelo con frecuencia, por ejemplo con una azada. Mediante la óptima aireación, el agua se absorbe mejor.

TIRAR CON FUERZA Y AQUÍ ESTÁN ¡LAS ZANAHORIAS!
LAS PUNTAS Y LOS RIZOS GRACIOSOS O FLORETES SE PUEDEN CORTAR CON UN SACAPUNTAS.

Subterráneo

Hay que cavar profundamente para conseguirlas porque en el caso de estas verduras lo mejor se encuentra en la tierra, allí donde en otras plantas solo se hallan las raíces. Los rabanitos, las zanahorias y compañía al principio no son más que una raíz gruesa. Para la planta es un importante órgano de almacenamiento; para nosotros, un enriquecimiento verdadero en la dieta.

¡Más que solo zanahorias! Que usted las conoce, eso ya lo sabemos. Y también a los rábanos, rabanitos o la remolacha. ¿Pero qué tal la chirivía, la raíz de perejil o el nabo? ¿O el salsifí negro y el colinabo? ¡Pregúntele a su abuela! Ella seguro sabe, porque algunas de estas delicias han quedado en el olvido. ¿Tiene ganas de un poco de acción en su huerta?

De vuelta a las raíces: mientras que algunas variedades se siembran una vez en primavera, hay otras más tempranas y tardías. Estas se pueden conservar muy bien sin perder vitaminas o que se dañe el sabor.
Se conservan mejor en un sótano fresco, en cajas de madera, cubiertas con arena. ¡Pero siempre se deben cortar antes las hojas! Para conservarlas frescas por poco tiempo, es útil la heladera, las raíces se deben cubrir con paños húmedos.

Antes de consumir está la cosecha. Si las verduras de raíz se siembran directamente en el cantero, hay que asegurarse de que al brotar los plantines no se encuentren muy cerca. Para eso, se debe ralear inmediatamente, pero también en la cosecha es importante no tomar las filas completas, sino sacar siempre los ejemplares más grandes.

Desde arriba las hojas de la remolacha y compañía se ven muy normales.

¿QUIÉN LLAMA?

Suave-dulce, así son los nabos blancos, amarillos o lilas, solo en la primavera y el otoño. Desde mediados de otoño, se los puede plantar hasta casi la primavera.

Picantes, sobre todo si se encuentran durante mucho tiempo en un lugar seco. Se pueden plantar durante todo el año: las variedades tempranas desde el invierno (cubiertas). Las variedades de verano, desde otoño hasta el invierno; las variedades tardías hasta casi la primavera.

Crujientes son los pequeños y redondos rabanitos y están listos muy rápido, en cuatro semanas. Hay que plantarlos desde el otoño (en maceta o cantero).

Delicada es la verdura redescubierta, que es larga y redonda. Siémbrela a partir de la primavera, ¡para la cosecha deberá esperar hasta el otoño!

Aromática y un buen ejemplo de esto es el hecho de que no debería ir afuera sola. Colocar los plantines recién en invierno en el cantero y no muy profundos. Desde la primavera están maduros para cosechar.

Dulces, estas zanahorias. Hay variedades largas, delgadas, redondas, tempranas, semitempranas y tardías, amarillas, blancas, violetas y naranjas. La época de siembra va desde el otoño hasta el invierno.

Terroso es el sabor de las remolachas rojas, blancas o rosas. Mejor sembrarlas en invierno, y el último lote a fines de esa estación. Tip: probar cosecharlas muy tiernas (remolachas baby).

Fuerte y similar al apio es su aroma. Desde la primavera sembrar en el cantero, se cosechan en invierno. Las hojas tienen gusto también a perejil.

¡Desde el suelo directo a la mesa!

SOMEWHERE OVER THE RAINBOW

Se llaman "paletas de colores" o mezcla "arcoíris" y son los rábanos. Se ven mucho menos aburridos que las variedades rojas de siempre. En la ensalada, sobre el pan o en un ramo.

PREFERIR ADENTRO...

... no vale la pena para todas las raíces. Mejor plantarlas directamente en el cantero. O buscar en el vivero los plantines. Hay de remolacha y apio.

FILAS EN FORMA DE ROSCA

Hay distintas variedades de remolachas y todas son muy coloridas. La variedad tondo di chioggia está llena de anillos. Burpee's golden brilla en amarillo; blankoma, en blanco. Y los colores de las remolachas también están en las hojas.

CONSUMIR HOJAS

También las hojas de los tubérculos son ricas en nutrientes. Al menos de algunos. Con el follaje de los rábanos se pueden cocinar sopas. Se preparan con papas y cebollas, y con caldo y crema.

¿CRUDO O COCIDO?

De las dos formas. Esto es válido para casi todas las remolachas. Solo los rabanitos y los rábanos se consumen crudos. Es mejor cocinar siempre a fuego lento, ¡cuanto menos agua ponga más vitaminas quedarán dentro de las verduras!

MUFFINS DE ZANAHORIA

Rallar 250 g de zanahorias y mezclar con jugo de limón. Mezclar con 200 g de harina, 1 sobrecito de polvo de hornear y 150 g de nueces (picadas). Batir 1 huevo, 150 g de azúcar, 100 ml de aceite y 200 g de crema ácida y añadir a la mezcla de zanahorias. Cocinar a 180º (en modo circulante) por aproximadamente 20 minutos.

VERDURA DE COLOR ROJO OSCURO...

Al igual que la azul y la violeta, es muy sana. Esto tiene que ver con las antocianinas, colorantes que enlazan radicales libres y protegen por ejemplo del cáncer. Tip: la zanahoria purple haze.

HACERLAS MÁS FINAS

En el cantero se plantan los tubérculos en filas. Tan pronto como se ven los brotes, hay que entresacar. Es decir, se entresaca siempre un plantín del medio para que los demás tengan lugar.

Remolachas gigantes en la maceta. Se las cultiva más fácilmente que en el cantero. ¿Por qué? Los tubérculos necesitan un suelo **poroso y con un fondo profundo**, para que puedan crecer bien grandes y fuertes. Un sustrato para verduras listo y ¡bien mullido!

Los rábanos son fáciles. Para las variedades redondas no se necesita una maceta especialmente profunda; para otros tubérculos, de al menos 25 cm. Llenar la maceta con tierra, ¡pero no completamente!, colocar las semillas a cierta distancia y espolvorear por encima con tierra fina. Regar con la regadera, de lo contrario se rebalsa al agua, y esperar...

El hecho de sembrar muy cerca hace que los tubérculos no formen remolachas de buen tamaño. Pero a veces se busca eso, por ejemplo cosechar solo la hierba de las remolachas de invierno y otoño como tallos. O si se desea, se pueden cortar las hojas de la remolacha para la ensalada. Los rábanos son los más rápidos en germinar sus semillas. Se los puede aprovechar como siembra de marca para colegas más lentas como las zanahorias, para que no se retiren por error.

Para consumir están las raíces. Algunas moscas vuelan sobre las zanahorias, el apio y la chirivía. Son sus gusanos, que se devoran las remolachas. Esto ayuda: en la época de vuelo principal de estas plagas (de otoño hasta casi la primavera) se cubre a las plantas completamente con una red de malla estrecha o se levantan barreras de red de 20 cm de alto.

PARA LA SIEMBRA MARCADA MEZCLAR LAS SEMILLAS DE RÁBANOS Y ZANAHORIAS Y ESPOLVOREAR EN UNA FILA. LO VERDE DE LOS RÁBANOS SE MUESTRA DESPUÉS DE UNOS POCOS DÍAS. CUANDO YA SE COSECHARON LOS RABANITOS, QUEDA EL ESPACIO SUFICIENTE PARA QUE CREZCAN LAS ZANAHORIAS.

Cinta de semillas hecha a mano

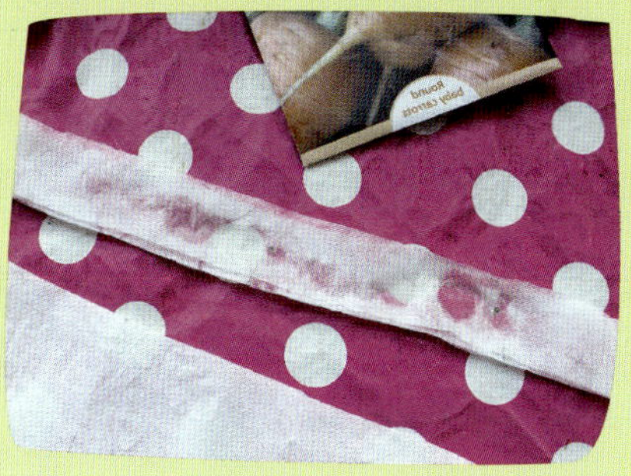

__Se necesita:__ papel higiénico (dos capas alcanza), un huevo (más precisamente la clara), tijera, semillas (por ejemplo, de zanahorias), pincel.

__Cómo se hace:__ desenrollar el papel higiénico y cortar en tiras finas de aproximadamente 3 cm. Separar cuidadosamente ambas capas entre sí. Separar la clara del huevo de la yema. Con un pincel o con el dedo pasar la clara por una capa de papel. Colocar rápidamente las semillas aisladas a una distancia de 3-5 cm y cubrir con la segunda capa del papel.

__Aplicación:__ en el suelo (foto de arriba a la derecha) trazar un surco profundo de 2 cm y colocar la cinta de semillas allí. Luego cubrir con tierra y regar.
Las variedades raras se encuentran mayormente como semillas sueltas, se hace un bricolage con ellas como una cinta de semillas propia, se colocan las semillas aisladas a la distancia adecuada ¡y es superpráctico para sembrar!

¡Estoy totalmente a favor del reciclaje!

Tirar, no gracias. ¡Prefiero **ser creativo** y a partir de cosas viejas producir **algo útil y nuevo**!

Esto fue alguna vez una botella de agua ¡ahora es mi miniinvernadero! Con esto empezó todo. En algún lado lo leí, lo probé y me entusiasmé. Mis recipientes de plástico fueron cestas colgantes y últimamente escuché que alguien construyó con ellos un invernadero completo. A mí nadie me puede parar: los desgastados neumáticos fueron reutilizados en pequeños canteros altos; el cuchillo de plata oxidado fue transformado en una etiqueta para plantas, y las botas de goma agujereadas, en esta cosechadora de ensaladas.

En realidad es basura, pero se puede aprovechar. Vivimos en una época donde todos los días toneladas y toneladas terminan en la basura. ¡Hay que hacer algo para evitar esto! Y la mejor solución es no producir tantos desperdicios. También, hacer de lo viejo algo nuevo. En Internet hay miles de sugerencias para reciclar.

ZEROWATT 977

Cebollas y más

Elegantes con cáscara

¡Deliciosas para llorar!

En las recetas más ricas, las cebollas resaltan los sabores: sin ellas los huevos revueltos son sosos, la ensalada aburrida y a la salsa barbacoa le falta algo.

Pequeño cliente familiar: junto con la cebolla tradicional están la echalotte filigranada y la potente cebolla roja. Por otro lado, están las cebollas japonesas, resistentes al invierno y más duraderas. Se cosechan las hojas tubulares.

¿Sembrar o plantar? ¡Esa es la cuestión en el caso de las cebollas tradicionales! Más práctico y más rápido es plantar las cebollas que se brotan en la cocina. En primavera, se las planta y presiona a una distancia de 4 cm (distancia de la fila de 20 cm) en el suelo poroso. Y de tal forma que solo estén cubiertas en parte por la tierra.

¡Qué rico!

Tarta de cebollas

Se necesita: para la masa, 200 g de harina/ 100 g de margarina/ sal/ 1 yema de huevo/ 2 cucharadas de agua helada. Para el relleno, 250 g de panceta/ 1 kilo de cebollas / 200 g de crema agria/ 2 huevos/ sal, pimienta/ 200 g de queso rallado

Cómo se hace: amasar la masa, envolver en un folio y dejar enfriar. Derretir la panceta en una sartén, agregar las cebollas picadas y rehogar hasta que queden blandas. Desenrollar la masa y colocar en un molde desmoldable (de 26 cm de diámetro). Rellenar con la masa de cebollas. Batir la crema con los huevos, condimentar bien y verter sobre las cebollas. Espolvorear el queso por encima. Cocinar a 180 ºC por 40 minutos.

COSECHA DE LAS CEBOLLAS: YA DESDE TEMPRANO, COLOCAR ALREDEDOR PAJA (MANTILLO), DE ESTE MODO SE EVAPORA MENOS EL AGUA. SI LAS HOJAS SE VUELVEN AMARILLAS O SE DOBLAN, ELEVAR LAS CEBOLLAS DEL SUELO. CON EL TIEMPO LINDO SE PUEDEN SECAR DIRECTAMENTE SOBRE LA PAJA.

¿De dónde vienen los dientes de ajo?

¿Cuándo plantar? Los dientes de ajo se plantan mejor afuera en otoño o también en primavera. La alternativa: preferir el invierno, entonces las plantas ya tienen un pequeño tubérculo al trasplantar.

Para adelantar: presionar los dientes separadamente a 5 cm de profundidad en macetas pequeñas llenas de tierra para la siembra y mantener en un lugar cálido y soleado (no demasiado húmedo).

A fines de la primavera, ya está caluroso para que los plantines puedan seguir creciendo afuera sin problemas. Luego pueden trasladarse a un recipiente más grande (con agujeros de drenaje, por supuesto).

PARA QUE SE PUEDA CONSERVAR BIEN EL AJO FRESCO RECIÉN COSECHADO HAY QUE SECARLO. UNA POSIBILIDAD: CUELGUE LAS CABEZAS BOCA ABAJO EN UN ALAMBRADO TENSO. ¡OBVIO BAJO TECHO! ESTO FUNCIONA TAMBIÉN PARA LAS CEBOLLAS.

¡Esto dura! El ajo necesita algo más de tiempo hasta estar listo. El que se colocó en otoño está maduro para la cosecha después de ocho meses; el que se puso en primavera, seis meses después. Querrá tener su tranquilidad para desarrollarse, por eso en la huerta crece bien en un cantero de plantas perennes o entre las frutillas. También tiene algo bueno: muchos agricultores juran que los dientes de ajo en el suelo expulsan los ratones. En lo que atañe al lugar, al ajo le gusta el calor, con sol y no muchos nutrientes.

El ajo que se utilice como "semilla" no debería ser del supermercado. Mejor comprar variedades especiales como Vallelado, Frolio o Rocambole en los negocios orgánicos. En las flores, en el verano, aparecen pequeños bulbillos, que se pueden plantar de nuevo. Se necesitan dos años hasta que se desarrolle un "ajo adecuado".

PERFECTAS PLÁNTULAS DE PUERRO

+

+

COMPRAR LOS PLANTINES (O CULTÍVELOS USTED MISMO) Y COLOCARLOS CUIDADOSAMENTE UNO AL LADO DEL OTRO.

RECORTAR LAS HOJAS CON UNA TIJERA A APROXIMADAMENTE 3 CENTÍMETROS.

PARTIR A LA MITAD TAMBIÉN LAS RAÍCES, DE ESE MODO CRECEN MEJOR LOS PLANTINES.

Poner tubos de cartón inmediatamente en las plantas.

De verano a invierno: los puerros se cosecharán dependiendo del momento de la siembra o el trasplante. En general, los mejores se trasplantan a principios del otoño y se cosechan en el invierno. También se pueden trasplantar algunos en primavera y consumirlos en verano. Estos últimos tienden a florecer rápido.

En filas e hileras se colocan las plantas jóvenes, con 15 cm de distancia (filas con 40 cm). Además de regar y desmalezar, no se requiere demasiado trabajo: los tallos se volverán tan blancos y tiernos como los ejemplares del supermercado. Eso se logra por ejemplo mediante la superposición de tubos de cartón y el apocado (acercar tierra a la base del tallo). Otra opción es trasplantarlo muy profundo haciendo un hoyo con un palo de escoba (a unos 20 cm). De esta manera obtendremos puerros con una base muy blanca.

LAS CEBOLLETAS SON UNA ESPECIE DE MEZCLA ENTRE EL PUERRO Y LAS CEBOLLAS. SE SIEMBRAN EN OTOÑO, ALGUNAS VARIEDADES DESDE EL INVIERNO. SE CONSUMEN TANTO LAS HOJAS COMO EL VÁSTAGO LEVEMENTE GRUESO EN LA BASE. DEBE SER SIEMPRE BLANCO, Y EN LAS VARIEDADES DE FLORENCIA Y LILIA BRILLA EN UN LLAMATIVO ROJO.

La ciboulette y el nirá son plantas **perennes**, de las que se consumen sus hojas. Se cosechan durante todo el año. Pueden cultivarse tanto en el cantero como en macetas, y requieren **mínimos cuidados**.

¡Muy fácil!

Radiante se ve la ciboulette en la macera o el cantero. Para cosecharla, se deben practicar cortes con tijera muy cerca de las raíces para que rebrote de forma saludable. Los tallos florales no se consumen pues son más duros. Las flores se pueden incorporar a las ensaladas o ponerlas en un jarrón para decorar.

Pesto fresco de nirá

También combina con albahaca, rúcula, etc...

<u>Se necesita:</u> 80 g de hojas de nirá frescas/ 150 ml de aceite de oliva/ 100 g de piñones (o nueces y almendras)/ sal, pimienta/ 100 g de queso parmesano, rallado grueso.

<u>Cómo se hace:</u> lavar las hojas del nirá, cortar en grandes pedazos, colocar en un recipiente alto y delgado (adaptable a la licuadora). Agregar el aceite de oliva así como los piñones o nueces. Salpimentar y desmenuzar todo con la licuadora. Recién al final agregar el queso parmesano. Es rico para acompañar las pastas o como condimento para las verduras asadas. En el caso de que emplee albahaca o rúcula en lugar de nirá, agregue un diente de ajo a la mezcla.

CUIDADO: ¡MANTENER LIBRE DE MALEZAS LA ZONA DE LA HUERTA DONDE CULTIVAMOS HIERBAS FRESCAS COMO LA CIBOULETTE Y EL NIRÁ!

¡Cosecho una taza de té!

Hora del TÉ

¿Qué bebedor de café puede cosechar de la huerta o del balcón los granos? Ninguno. Una alternativa son las raíces de diente de león. Para el típico té británico se necesita té negro, y no es fácil conseguirlo en la huerta. Pero a pesar de todo, hay muchas alternativas: ¿hoy beberé la hierba salvia o la frutal verbena? ¿La refrescante menta o el especiado tomillo? Más información en el capítulo “Sintiéndose bien” o “Hasta las narices”.

¿Qué debe ir dentro del té? Aunque de la mayoría de las plantas se pueden desmenuzar las hojas o toda la rama, también muchas flores, raíces, semillas e incluso frutos son igualmente apropiados y producen una linda mezcla incluso visual. Las de hinojo por ejemplo son buenas semillas para el té. Mientras que las hojas, flores y ramas se pueden verter simplemente en la maceta o en la taza, se utiliza para las semillas finas preferentemente un huevito para el té o se las coloca en un saquito. Si se hierve un té de raíces o consuelda, se rompe la raíz y la planta también está allí.
Hay que estar atento a lo que se puede beber y a lo que no. En la huerta retozan muchas cosas que son tóxicas. Además es cierto que algunas hierbas, que por lo general hacen bien, hay que consumirlas con moderación y no es recomendable tomarlas todos los días.

¡Se ven muy bien realmente! Hay plantas para el té que florecen tan bellamente que solo se las cultiva por gusto. La salvia (*Salvia officianilis*), Jara (*Cistus incanus* ssp. *Tauricus*), hisopo de limón (*Agastache mexicana*) o el bálsamo de abeja son algunos ejemplos. El bálsamo de abeja escarlata (*Monarda didyma*) tiene incluso aroma a bergamota.

¿Adentro o afuera? Hay una cantidad menor y bien conocida de plantas para té, y muchas crecen sin problemas todo el año afuera. Por ejemplo, menta, salvia o melisa. Otras en cambio son de larga vida, pero se destemplan rápidamente, por eso en las zonas frías se las debería colocar en el calor a fines del otoño. Como planta de habitación, el cardamomo es muy lindo, y sus hojas le otorgan al té una nota acanelada. También la verbena necesita en el invierno un lugarcito libre del frío. Otras variedades son por naturaleza de corta vida y cada año se las debe sembrar nuevamente (o comprar) como la caléndula o la albahaca. Un momento, ¿albahaca en el té? No todas, ¡pero la que es muy sabrosa es la Ópalo oscuro!

EL ESPLENDOR DE LAS FLORES EN LA TETERA: DE LAS MEZCLAS COMPRADAS SE CONOCEN LA CALÉNDULA O EL ACIANO, LAS ROSAS Y EL HIBISCUS. A TODAS SE LAS PUEDE PLANTAR. ¡Y MUCHO MÁS! UN BELLO TOQUE DE COLOR SON POR EJEMPLO LAS FLORES DE LAVANDA O LOS GERANIOS.

¡Preparados para sumergirse! Ya sea en un **saquito** casero de té o directamente en la tetera o la taza, **fresco o seco**: ¡es celestial!

Coser saquitos de té

HÁGALO USTED MISMO

<u>Se necesita:</u> filtros de té de papel, tijera, hilo de coser, máquina de coser o aguja, mezcla suelta de té, hilo de colores, engrampadora, cartulina de colores, lápiz.

<u>Cómo se hace:</u> cortar los filtros de té en la forma deseada (por ejemplo en forma de corazón). Coser alrededor hasta dejar una apertura arriba. Llenar con el té. Luego cerrar el borde superior y engrampar una cinta. Cortar una etiqueta de cartulina de la forma deseada, rotular y coser a la cinta. Una alternativa (foto): llenar el filtro de té, atar arriba con un lindo hilo y luego afirmar la etiqueta allí.

¿Ganas de una tacita? Ideal para la cosecha del té es la mañana, cuando las plantas ya están secas del rocío. Las infusiones estimulan o tranquilizan, curan o quitan la sed, depende de cada hierba y de cuánto tiempo se la deja actuar. En general, las mezclas de hierbas necesitan aproximadamente 5 minutos de tiempo de acción.

Dejarlas colgadas. Secar las hierbas es un método genial para estar bien provisto durante el invierno. Funciona así: atar un par de ramas de melisa, verbena o romero (no mezclar para secar) en un ramillete y colgar boca abajo en un lugar seco, a la sombra y aireado.

El té casero de frutas es especialmente delicioso. Las manzanas, peras, etc. deben secarse antes, así se mantienen y tiene un rico e intenso gusto. En el caso de las frutas de pepita se quitan los corazones y se cortar en finas rodajas o pequeños pedazos, que se colocan (a distancia) en un papel de cocina, papel manteca o gasa en un lugar cálido y aireado, hasta que estén realmente secos. Puede tardar de dos a cuatro semanas. ¡Lo mismo se puede hacer con las frutas blandas como las frutillas o las frutas salvajes como las bayas de saúco! La alternativa: procurarse un deshidratador o aprovechar el calor del horno después de cocinar una torta. ¡También se pueden aprovechar para secar los restos de la cocina como las cáscaras de manzana si son orgánicas!

Muy fácil

Cuando hierva hierbas frescas o flores, necesitará algo más de esto en la taza: aproximadamente cinco hojas o una rama de 5 cm de largo, porque las plantas contienen agua. Los aromas en las hierbas secas están completamente concentrados.

Huele a...

A continuación, una de las más importantes plantas para té: la menta, conocida por sus aspectos frutales:

¡...Chocolate!

Es como oler un After Eight, muy sabroso especialmente en el té.

¡... Banana!

Es deliciosa en una ensalada de frutas. Muy sobria para la menta.

¡... Ananá!

Es muy lindo con sus hojas de borde blanco.

¡...Frutilla!

Las hojas son ideales para postres. Ideal para "huertas pequeñas": las plantas permanecen chicas y de baja estatura.

¡... Manzana!

Aunque solo muy débilmente, domina un condimento dulce. Cuanto más fuerte la planta, más vigoroso su aroma.

¡... Naranja!

Con aroma a menta o mentol, con aroma a naranja o bergamota.
La menta es ideal para postres.

Salvajes en el camino

¿Descubrió un yuyo en la huerta?

Ahora cuidado, ¡quizá se puede aprovechar! Por ejemplo: una ortiga, en lugar de "descartarla", se puede secar para beberla en un té. Esto vale también para muchas plantas salvajes al borde del camino como el saúco, la manzanilla o la zarzamora. El costado de un camino no es una autopista o una calle muy transitada. Hay que prestar atención a que el lugar no haya sido rociado con veneno.

En el agua fría se pueden incorporar

hierbas como la menta y la melisa, flores de saúco y rosa o frambuesas recién recolectadas y manzanas (cortadas en rodajas). ¡No debería dejar pasar una bebida refrescante en verano! Y si no está lo suficientemente dulce, poner unas hojitas de Stevia en agua caliente y luego verter esta infusión en la bebida aromática.

¡Qué rico!

Scones deliciosos

Se necesita: 300 g de harina/ 2 cucharaditas de polvo de hornear/ 1 pizca de sal/ 1 cucharada de azúcar/ 60 g de manteca/ 1 huevo/ leche

Cómo se hace: mezclar la harina con el polvo de hornear, la sal y el azúcar. Luego agregar la manteca en trozos. Batir el huevo con algo de leche, añadir a la harina y formar una masa lisa. Aplastar con el palo de amasar (a 1,5 cm de espesor) y cortar en círculos de 5 cm de diámetro). Colocar dos círculos uno al lado del otro, y cocinar 10 minutos en el horno a 100 ºC. Los scones se sirven solos o con mermelada y crema batida.

¡ASÍ FUNCIONA!

Hoy en día, es difícil tener un jardín enorme, por eso es necesario **ahorrar espacio**. ¡Estas son algunas ideas y estrategias para, **a partir de poco, hacer mucho!**

¡Siempre a lo largo de la pared! Imagínese que quiere colocar una pequeña huerta en su balcón, pero no tiene más de un par de metros cuadrados. Allí no cabe mucho. Pero si sumamos la pared, la superficie disponible se hace más grande. Si se coloca una protección estable y se cuelga en la baranda un par de cajas o si hay un techo donde se puedan colgar macetas, todo se amplía. En la pared no solo pueden ir estantes, las huertas verticales están desde hace años en boca de todo el mundo. Hay toda una serie de sistemas diferenciados que hacen posible cultivar enredaderas en forma perpendicular.

¡Quedarse en el piso! A pesar de todo, sigue siendo la superficie más importante para poner las plantas. En lugar de ubicarlas en fila, una junto a la otra, puede armar senderos o espacios con diseño. También con bolsas de supermercado o cajas se pueden armar sistemas de forma casera. ¡Experimente!

Achicar el espacio. Hay variedades de verduras y frutas que necesitan menos espacio, como los frutales trepadores, las enredaderas o las bayas de tallos altos.

1. Sincronizadas una sobre la otra: las macetas de "Corsica" se pueden apilar una sobre la otra. Consisten en tres macetas (de 40 x 41 cm), muy resistentes.
2. Esto viene en la bolsa: no solo son apropiadas para comprar, sino también para plantar. Las manijas sirven para colgarlas. Importante: en el suelo hay que hacerles agujeros de salida.
3. Ganar lugar: con los canteros altos también se pueden aprovechar las superficies cuando el suelo está muy compactado.
4. Más espacio libre: atornillar ruedas bajo las cajas de plantas para poder moverlas según la necesidad o incluso ocultarlas bajo una mesa.
5. De tres viejos cuencos de esmalte se forma una huerta de tres pisos. Perforar agujeros, pasar por allí las cadenas y atar arriba.
6. Papas en una bolsa: mientras el cultivo de los tubérculos crece sin problemas, después de la cosecha se vuelve completamente llano.
7. Las bolsas de plantas se pueden comprar o también coserlas uno mismo (por ejemplo, de viejos jeans). O por qué no usar un guardador de zapatos colgante. Acuérdese: toda "macetita" necesita agujeros de salida.
8. Estantes: un estante "normal" tiene cualquiera, pero por qué no colocar las juntas en forma oblicua en la pared. ¡Pero cuidado... no exagerar!

ÍNDICE

ÍNDICE TEMÁTICO

Los números en **negrita** indican las ilustraciones.

TAMBIÉN LE PUEDE INTERESAR

978-950-24-1490-4
MANUAL DE HUERTA ORGÁNICA
María Gabriela Escrivá

978-950-24-1124-8
HUERTA ORGÁNICA
María Gabriela Escrivá

978-950-24-1146-0
HUERTA-JARDÍN ORGÁNICA
María Gabriela Escrivá

978-950-24-1272-6
HUERTA ORGÁNICA EN MACETAS
María Gabriela Escrivá

978-950-24-1541-3
HUERTAS ORGÁNICAS
María Gabriela Escrivá

978-950-24-1324-2
HIDROPONÍA
Martha Álvarez

LA AUTORA

Esther Herr es jardinera e ingeniera en gestión del paisaje. Trabajó en la revista *Living & More* y asesoró a diferentes publicaciones acerca de estos temas. Las huertas y la decoración son su pasión. Hoy se desempeña como redactora *freelance*.

INDICACIONES IMPORTANTES

Si se lastima mientras trabaja en el jardín, debe buscar inmediatamente asistencia médica. Puede ser necesaria una inyección antitetánica. Manéjese con cuidado con los materiales, los utensilios y las herramientas, y preste atención siempre a las instrucciones. Las ideas y los consejos publicados en este libro fueron elaborados y probados con cuidado. Sin embargo, no se puede garantizar nada. De la misma manera queda exenta la responsabilidad de la autora o de la editorial por los daños hacia las personas, cosas o bienes.